공군에서 **6**시그마를?

6시그마로 조직의 DNA를 바꿔라

저자 박경종(朴京鍾)

1956년 서울 생으로 1979년에 공군사관학교를 졸업하여 소위로 임관하였다. 30년간 대한민국의 하늘을 지켜온 그는 2,200여 비행시간을 보유한 전투기 조종사로서 전투비행대대장, 비행전대장, 비행단장, 공군사관학교 부교장 등 주요 보직을 두루 거쳤다.
한국외국어대학교 불어불문학 전공, 청주대학교 외교안보행정학 석사, 미 공군 Air War College 졸업과 항공사업단, 전투발전단에서의 경험들은 어느 한 곳으로 치우치지 않는 균형된 시각을 갖추는 배경이 되었다.
빠르게 변화하는 현대사회에서 군 조직의 능동적 변화와 혁신을 주도하는 변환자로서의 삶을 강조하는 그는 최신 경영기법인 6시그마를 공군에 최초로 도입하였고, 모성 리더십을 지휘관리에 적용함으로써 군 조직문화를 개선하고자 하는 활동에 열중하고 있다.

E-mail : parkkj01@hotmail.com

공군에서 6시그마를?

6시그마로 조직의 DNA를 바꿔라

2009년 6월 25일 초판 인쇄
2009년 6월 30일 초판 발행
지은이 ● 박경종
펴낸이 ● 이찬규
펴낸곳 ● 북코리아
등록번호 ● 제03-01240호
주소 ● 121-802 서울시 마포구 공덕동 115-13번지 2층
전화 ● (02) 704-7840
팩스 ● (02) 704-7848
이메일 ● sunhaksa@korea.com
홈페이지 ● www.sunhaksa.com

ISBN 978-89-6324-034-3 (93390)

값 14,000원

공군에서 **6**시그마를?

6시그마로 조직의 DNA를 바꿔라

박경종 지음

북코리아

차 례

감사의 글

2005년 4월 4일 예천에 있는 공군 ○○비행단을 방문하였다. 1992년에 군을 제대한 후 군의 울타리에 다시 들어간 것은 그때가 처음이었다.

6시그마 혁신활동의 전문가로 활동하면서 많은 기업과 조직을 방문하였지만 군에서 혁신활동을 추진한다는 사실과 또 내가 군과 혁신활동을 매개로 인연을 맺게 되리라는 것을 그때까지 생각해 본 적이 없었다. 그렇게 공군과 나의 인연은 시작되었다.

하지만 진단을 한번 실시하고 진단보고서를 제출한 후 별다른 후속조치 없이 그렇게 공군과의 인연은 끝나는 듯했다.

그리고 2006년 3월 31일 진주에 있는 공군교육사령부에서 사령관님 이하 많은 장교들이 모인 자리에서 챔피언교육을 시작으로 본격적인 공군과의 인연이 다시 시작되었다. 이후 지금까지 나는 공군에서 매년 새로운 사람들과 함께 교육과 프로젝트 지도를 통하여 즐거운 만남을 지속하고 있다.

박경종 장군님을 처음 만난 것은 작년 12월 4일 공군대학에서 2008년 공군 BB 프로젝트 발표회가 있던 날이었다. 맨 앞자리에 앉으셔서 모든 사람들의 발표를 다 들으시고 내가 준비했던 "공군 6시그마 혁신활동 성공 전략"에 대해서도 많은 관심을 보내주셨다. 그리고 공군사관학교 부교장이며 그 날의 임석상관으로써 그날 자리를 함께 했던 공군 BB 교육 및 프로젝트 수행자에게 아낌없는 칭찬과 격려의 말씀 또한 잊지 않으셨다.

그날에서야 나는 리더십 센터의 정쌍용 소령으로부터 박경종 장군님께서 실질적으로 공군에 6시그마 혁신활동을 접목하기 위해서 힘쓰신 초창기 멤버이시고 3훈련비행단장으로 계시면서 6시그마 혁신활동에 전폭적인 지원을 아끼지 않으시고 공군 6시그마 혁신활동에 많은 화제를 남기신 장본인이라는 사실을 처음 알게 되었다.

그리고 지난주 감사하게도 당신께서 친히 쓰신 책을 보내주시며 추천의 글을 부탁하셨다. 내가 글 머리에 추천의 글이 아니라 감사의 글이라고 시작한 것은 박경종 장군님에 대한 예의의 차원이 아니라 혁신활동의 컨설턴트로서 내가 많은 기업을 다니면서 혁신을 주도하는 리더가 겪는 고충을 충분히 이해하기 때문이다.

군에서 혁신활동을 추진하는 것은 일반 민간기업 에서의 그것과 몇 가지 측면에서 차이가 있다. 그 중 가장 큰 차이는 혁신을 주도해야 하는 리더(지휘관)가 평균 1년 반이면 군의 특성상 자리를 옮겨야 한다는 것이다. 따라서 새로운 지휘관이 부임하여 혁신을 아무리 외치더라도 많은 사람들은 길어야 1년 반이라고, 그 동안만 몸을 낮추고 숨어 있으면 된다고 여기는 문화가 군에는 깔려 있다. 그래서 지휘관들 중 혁신이 필요하다고 생각하는 분들은 있으나 실제로 많은 저항을 감내하며 소신 있게 추진하고 성공적으로 이끌어 가는 분이 많지 않은 것이 사실이기에 혁신활동에 몸을 담고 있는 사람으로서 공군의 발전에 크게 기여하신 부분에 개인적인 감사의 마음을 담아 추천의 글이 아닌 감사의 글을 쓰게 되었다.

어느덧 공군에서 6시그마 혁신활동을 시작한지도 5년이 지나고 있다.

민간기업의 경우 5년 정도 6시그마 혁신활동을 추진했다면 외부의 도움을 받지 않아도 자립할 수 있을 정도까지 성장하는 것이 보통이지만 공군의 경우는 아직도 그 걸음이 더디기만 한 것이 사실이다. 군수사령부의 경우만 본다면 GB(Green Belt)와 BB(Black Belt) 요원들을 많이 양성하고 과제도 적지 않게 수행하였지만 그 외의 부대에서는 아직 6시그마라는 용어조차 생소한 수준이며, 그나마 군수사조차도 소신 있는 몇 명만 손을 놓으면 그 동안 공들여 쌓아 놓은 기반이 언제 무너질지 장담할 수 없는 상황이다.

이 책은 이러한 상황에서 "공군의 혁신활동이 어떻게 진행되어야 하는가?"라는 물음에 하나의 지침서 역할을 해줄 수 있을 것으로 생각되어 반갑기 그지없다. 굳이 6시그마 방법론을 고집하지 않더라도 공군에서 혁신활동이 어떻게 전개되는 것이 바람직한지 현실적인 측면에서 많은 대안을 제시하고 있다. 공군의 혁신이 한때의 유행으로 끝날 일이 아니라는 데에 공감하시는 모든 분들께 이 책을 추천하고 싶다. 공군의 혁신활동을 오랫동안 함께 했지만 지금까지 이만큼 공군 혁신활동을 고민한 글을 만나보지 못했기 때문이다.

아무쪼록 이 글이 공군에 많이 회자되고 공군 혁신활동의 바람직한 방향설정에 기여하기를 간절히 바라며, 이 글을 쓰신 박경종 장군님께 다시 한 번 감사의 말씀을 전한다.

한국표준협회 6시그마 아카데미

하석광 책임전문위원

내가 최근에 부러워하는 사람이 생겼다. 그는 '재미와 창조'라는 주제를 가지고 강의에 참석한 많은 사람들에게 그야말로 강의 듣는 재미를 안겨 주는 사람이다. 그는 바로 명지대 김정운 교수다. 최근에 서울과학종합대학원 4T CEO 지속경영과정에서 그를 만나서 단도직입적으로 이렇게 질문했다.

 "많은 사람들에게 즐거움을 안겨주고 있는 교수님의 트레이드마크가 B & G(속칭, 뻥 앤드 구라)인데요. 그것을 자연스럽게 표현할 수 있는 특별한 방도라도 있습니까?"라고 말이다. 내가 그를 부러워하며 이런 질문을 던진 까닭은 감정과 표현을 늘 절제하면서 살아가야 하는 생활을 30년 넘게 해온 필자의 입장 때문이다. 그를 만날 즈음, 앞으로는 자기감정을 보다 솔직하게 표현하는 것이 좋겠다고 생각해온 터였다. 그런 생각에서 스스로에게도 솔직하면서 재밌게 사람들과 교류할 수 있는 무슨 특별한 방법이 김정운 교수에게 있으면 배워 볼 생각으로 나름 진지하게 물어보았던 것이다. 그것도 공개 석상에서, "그건 말이죠….." 하고 운을 뗀 그의 말은 대체로 이런 요지였다. 사람은 자기가 좋아하는 것을 하면 행복을 느끼기 마련인데 자신은 강의를 듣는 사람이 자신의 말에 전적으로 동조하여 찡그러져 있던 첫인상이 강의가 끝날 즈음이면 입 꼬리가 처지지 않고 살짝 올라간 상태로 변화 되는 것을 보는 것이 행복하기 때문에 "뻥 & 구라"를 주저 없이 사용한다는 것이다.

평소 감정과 표현을 절제해야 하는 생활이 내 몸에 밴 것은 개인 성격 탓이기보다는 조직문화의 영향을 많이 받았다고 볼 수 있다. 사람들은 한 분야에서 오랫동안 근무하게 되면 그 직장의 문화에 따라 인상도 변하게 된다. 특히 50대가 넘은 CEO나 고위 공무원들의 인상은 언제나 심각하고 웃음이 없는 표정이다. 그것은 대개가 그들의 조직문화 탓이다. '딱딱하다'는 것은 권위주의적이고, 수직적인 비수평적 관계의 조직문화를 함축하고 있다. 사람은 문화의 존재이다. 사람이 문화를 만들기도 하지만, 문화가 사람을 만들기도 한다. 아무런 생각이나 의지가 없으면 문화는 사람을 만들어낸다. 문화는 사람의 인상만 바꾸는 것이 아니라 삶의 방식과 성품, 행복 · 불행까지도 좌우하게 되며, 심지어는 그 사람의 건강까지도 바꿀 수 있다. 이처럼 자신이 속해 있는 곳의 조직문화는 우리 생활의 모든 곳에 영향을 미치는 중요한 환경요인이다.

필자는 소위 '군대문화'라는 속에서 35년을 살아오고 있다. 군복을 입고 평생을 살아와서 현재의 '나'를 형성해 온 군대문화를 스스로 자랑스럽게 생각하며, 당연한 일로 받아들이고 있다. 하지만 그럼에도 끝 맛은 시원치가 않다. 왜 그럴까? 무엇인가 마음속에 켕기는 구석이 있지 않나 싶다. 무엇보다 격변의 시대를 살고 있으면서 내가 갖고 있는 모든 것을 바쳐 치열한 삶을 살지 못한 것 같은, 아니 그럴 기회가 있었음에도 마냥 여유를 피운 듯한 미안함이 떠나지 않는다. '좀 더 잘할 수 있었는데', 그리고 '앞으로도 안주하지 말고, 기업이 생존을 위해 몸부림치는 것처럼 열심히 그리고 현명한 방법으로 살아야 하는데'라는 생각에서 말이다. 무엇보다

군의 조직문화를 긍정적인 모습으로 바꾸는 데 기여했어야 한다는 아쉬움이 배어 있다. 그러한 아쉬움에서 공군에서 전개한 6시그마에 관한 경험을 정리하는 것이 군 조직문화의 긍정적 변화에 기여할 것으로 생각하게 되었다.

2004년, 필자가 6시그마를 만나기 전까지는 무엇이든 열심히 하는 것이 성공을 위한 최선의 길이라고 생각했다. 많은 리더십 책자를 읽었고, 경영 관련 책을 읽어도 6시그마와 같이 가슴에 와 닿은 적이 없었다. 그들이 말하고 있는 방법론은 '방법' 그 자체였을 뿐이지만 6시그마에서 제시하고 있는 방법은 사람들을 변하게 만드는 특별함이 있었다. 삼성그룹 이건희 회장이 "마누라 빼고 다 바꾼다."고 했지만 6시그마 경영은 바꾸지 않고, 10년 이상 지속되고 있는 것은 다 그러한 이유가 있어서이지 않겠는가. 6시그마는 사람들의 문화를 바꾸고 있다. 사람들의 사고방식과 행동양식을 바꾸도록 만들어 스스로 일하는 보람을 느끼며, 자신이 성장하고 있음을 깨닫게 하는 힘이 있다. 6시그마는 경직되어 있는 조직문화를 바꾸는 데 큰 기여를 할 수 있다. 이렇게 단언적으로 말할 수 있는 것은 필자가 수차례에 걸친 개인적 경험과 사례를 통해 직접 경험했기 때문이다.

이제 뒤늦게 철들었나 했는데, 군 생활을 정리할 시기가 가까이 오고 있다. 군 생활 종반부에 와서나 깨닫게 된 얼마 안 되는 '지혜'를 흔적처럼 남겨 놓고자 하는 이유는 또 있다. 필자가 6시그마를 공군에 처음 도입하면서 부터 본의 아니게 고생을 시켰던 많은 사람들을 기억에서 사라지도록 방치해서는 안 되겠다는 생각과 그들에 대한 미안함, 그리고 고마움을 꼭 표현하고 싶기 때문이다.

"혼자만 열심히 살았던 것도 아닌데 무슨 잘난 것이 있어서 책을 내야 할까?"라는 스스로의 물음에 어떻게 답할 것인가?

"예수님, 부처님도 스스로 책을 쓰지 않고 말씀으로만 남겼을 뿐인데…. 〈조선왕조실록〉도 정작 왕 자신의 것은 볼 수도 없고 고칠 수도 없다고 했는데….”

그러나 6시그마 때문에 초기 고생을 마다하지 않은 사람들을 위해서라도 이 글을 남기는 것이 좋겠다싶어 거듭 용기를 내었다. 세월이 가면 온전하게 남아 있을 것은 아무것도 없으니까 말이다. 김정운 교수의 말처럼, 그렇게 하는 것이 내가 행복해지는 길이기 때문이기도 하다. 변명이 될 수 있을까 모르겠다.

공군에서 6시그마가 정착되기까지는 아직도 갈 길이 멀다. 그러나 2004년 이후 끈질기게 생명력을 유지하며 명맥을 이을 수 있었던 것은 많은 분들의 헌신과 열정 덕분이다.

이영하 장군(현재는 주 레바논 대사)은 공군 내에서 누구보다도 지적 호기심이 많고 성실의 표본이라 할 만한 분이다. 필자와는 오랜 근무 인연을 이어오는 동안 정신적 도움과 함께 귀감이 되어 주신 분으로, 특히 6시그마 도입 시 참모였던 필자의 건의를 적극 수용해 주셨고, 이 인연이 6시그마 발전의 토대를 갖추게 했다. 당시 정비 분야의 본산이라고 할 수 있는 대구 기지의 정비장교들로부터 조종사가 쓸 데 없는 짓을 한다고 보이지 않는 압력(?)을 받을 때 필자의 유일한 버팀목이 되어 주셨다. 그것에 특히 감사한다. 무엇보다 교육사령관으로 영전해서 6시그마를 본격적으로 도입해 공군에 퍼뜨리게 한 공로자이다. 한○○ 군수사령관 특유의 헌신적인 리더십이 있기에 공군의 6시그마가 대외적으로 인정을 받고 공군 내에 깊이 정착하게 되는 계기가 되었다. 기대하는 것 없이 공군에 6시그마라는 씨를 황무지에 뿌릴 수 있도록 최초로 자문해 준 삼성경제연구실 임상규 박사, 공군의 6시그마 정착을 위해 헌신하시는 한국표준협회 하석광 책임전문위원, 리더십 센터 강쌍용 소령께도 감사드린다. 6시그마가 어렵다고 하면서도 끝까지 프로젝트를 완성시키고 평가기관으로부터 좋은 평가를 듣고 좋아했던 3훈련비행단 부사관, 중·소위들도 절대 잊지 말아야 할 분들이다. 그리고 현재도 6시그마를 위해 남모르는 헌신을 하고 계신 모든 분들께 진심어린 감사를 보낸다.

친구인 건국대학교 김기덕 교수는 결정적 동기부여로 책을 내도록 독려하고 실무적 도움을 주었고, 북코리아 이찬규 사장님의 도움으로 책의 모습이 제대로 갖추어진 것에 깊은 감사를 드린다.

서울이 고향이면서도 근무 인연이 없다가 이곳 대방동 성무대 언덕을 떠난지 꼭 30년 만에 다시 돌아오느라 이사를 했다. 마치 연어가 산란을 위해 태어난 곳으로 다시 회귀하려면 먼 산골을 두루 거쳐서 말 그대로 기쁨과 슬픔, 희망과 절망을 모두 경험하고 나서야 돌아온 자격을 얻는 듯 말이다. 아카시아 꽃향기를 즐길 새 없이 이번 이사도 혼자 도맡아 하면서 책을 쓴다고 끙끙대는 필자에게 불평 한 마디 없이 응원을 보내고 있는 아내 강 마리아와 언제나 자랑스러운 두 아들 재우와 철우에게도 특별한 고마움을 전하며 이 책을 바친다.

2009년 5월 중순에
보라매 공원에서 박 경 종

들어가기

최근 일류 민간 기업에서는 상품을 파는 것이 아니라 기업의 이미지를 팔고 있다. 따라서 기업은 고유의 가치와 비전을 좀 더 잘 소비자에게 전달하기 위해 끊임없이 노력해야만 한다. 군의 경우도 크게 다르지 않다. 민주주의 수호에 대한 신념, 평화통일에 대한 굳은 의지, 충천한 군의 사기와 이를 뒷받침하는 건전한 군 문화 등의 '무형 전투력'은 가장 소중한 가치로서 어떤 경우에도 그 중요성이 과소평가될 수 없는 것이다. 그러나 과학기술군이며 항공우주군을 지향하는 공군에서는 값비싼 최첨단 무기체계에 대한 의존도가 상대적으로 커짐에 따라 '무형 전투력'의 중요성이 간과될 우려가 있다.

국가 방위의 핵심적 역할을 수행해 온 공군에게 국방개혁 2020은 기회이면서 또한 위기의 시대로 다가왔다. 공군은 전쟁 양상 변화에 부응할 수 있는 첨단 과학기술군 건설에 선도적 역할을 담당해야 하는 큰 임무를 부여받게 되었고, 이러한 역할을 감당하기 위해서는 미래를 향해 과감히 도전하는 변화가 절실한 시점이었다. 공군의 혁신은 공군 군사운용과 관리체계 전반에 대한 변혁(Transformation)으로 모든 유·무형 체계가 시스템적 관계성을 갖고 전략적·작전상 능력을 발휘하도록 하는 과정이 모두 포함되어 있다.

이러한 시점에서 출발한 공군의 '혁신 총장' 김성일 대장은 지금까지와는 전혀 차원이 다른 시스템적이고 조직적인 혁신을 추구하였다.

'변하지 않으면 미래는 없다(無變無來)', 'No Change, No Future'

로써 혁신 업무의 기조로 삼은 김성일 총장은 우선, 『항공우주군 건설』이라는 원대한 목표의 구현에 필요한 이론적 토대인 공군의 사명과 비전 및 핵심가치—도전, 헌신, 전문성, 팀워크—를 정립했다.

그 다음 공군인 모두의 참여와 조직문화의 혁신 분위기를 조성하고, 실천수단으로써 전략집중형 성과관리체계인 BSC, 6시그마 등 전문 경영혁신도구를 활성화시켰다(그림 1-1). 이를 바탕으로 성과측정이 가능한 체계적인 혁신을 최초로 시도한 공군 지휘관이자 최고 경영자가 되는 전환기적 의미를 지니게 되었다.

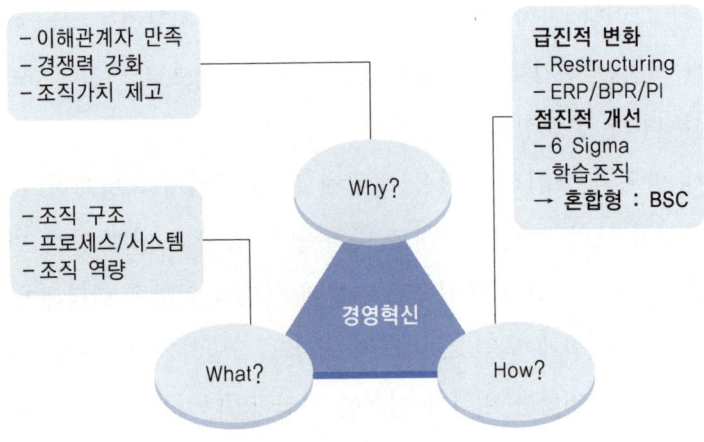

▌그림 1-1 ▌ 공군 경영혁신 Frame work

구 분	혁신 목표	변화 강도	중점 대상	혁신 관리	Motivation
Top-Down 방식	경영 비효율 제거	급격한 변화	조직구조, 조직/시스템	종합계획 입안 및 실행	경제적 인센티브
Bottom-up 방식	조직역량 개발	지속적 개선	조직문화, 인재육성	실험적 시도를 통해 발전	권한위임

경영혁신기법으로 전략집중형 성과관리체계(BSC) 도입
• 경영혁신의 3요소 충족과 공군 현실을 감안한 혼합형 경영혁신기법
• 공군조직의 특성을 감안하여 급격한 변화와 지속적 개선방식을 혼합

▌그림 1-2 ▌ 공군 경영혁신의 방법

공군의 전략적인 경영혁신체계 구축을 위해 도입한 성과관리체계(BSC)는 공군의 비전을 구체화하여 목표를 달성토록 하는 '전략 집중형 Top Down' 방식이다. 공군의 혁신팀은 조직의 미래를 예측하여 비전과 전략수립의 기본방향을 제시하여 실질적인 전략촉진 도구로써 BSC를 활용하였고, 제한된 자원을 전략목적에 맞도록 배정하는 등 획기적 성과를 보여주었다(그림 1-2).

이러한 외부적 환경변화와는 별개로 2004년에 필자는 기업 경영혁신의 도구로 사용하고 있던 6시그마 경영기법을 우리 군에서는 처음으로 공군

의 남부전투사령부에 그 개념을 도입, 시범적용을 함으로써 군 조직에서도 6시그마 경영을 적용한 혁신의 가능성을 보여 주었다.

남부전투사령부(이하 남부사)에서 시작된 6시그마는 공군혁신에서 'Bottom up' 기능을 자연스럽게 담당하게 되었다. 2006년부터 공군대학에 6시그마 전문인력 양성과정을 설치해 운영했고, 교육사령관 이영하 장군의 선도 하에 교육사령부와 3훈련비행단에서 6시그마 적용 범위를 넓혀 갔다. 2007년도부터는 공군 군수사령부에서도 사령관의 강력한 리더십을 중심으로 품질경영을 위한 도구로써 6시그마를 도입하여 운영 중이다.

피터 드러커 교수는 다음과 같이 말했다.

"혁신은 단순히 아이디어가 아니며, 한 사람의 번뜩이는 생각이나 아이디어가 계기가 되었다고 해도 학습조직에 의해 이루어진 조직적인 활동을 필요로 한다."

성공적인 혁신활동과 관련하여 도요타 방식, 페덱스 방식, 삼성 방식이라고 하는 여러 기법들이 알려져 있다. 그러나 이들의 방식은 '기법' 그 자체로 끝나지 않는다. 그것은 기업에 몸담고 있는 사람들의 사고방식이며 철학이며 그리고 문화이다. 이러한 도구, 수단들의 저변에 담겨 있는 조직구성원들의 사고방식과 문화를 얼마나 잘 이해하고 실천하느냐가 혁신의 성패를 결정짓는 것이다.

6시그마 경영방식도 마찬가지다. 6시그마를 추진하기 위해서는 일정한 도구를 사용하고 통계를 적용하며 과학적 분석을 강조하지만, 정작 중요한 것은 그것이 아니다. 공동의 목표를 향해 계층을 초월한 진정한 대화를 나누고, 근본 원인을 찾기 위해 끝까지 '왜(Why)'라는 의문점을 화두처럼 머리에 틀고 앉아 있는, 일에 대한 열정을 키워나가는 과정 모두가 6시그마에서 중요한 것이다. 단지, 통계를 공부하고 'Mini Tab'을 운영할 수 있는 방법을 배우는 것이 6시그마를 적용하는 것이 아니다. 무엇보다 중요한 것은 이러한 노력이 개인차원의 깨달음으로 끝나서는 안 되며 조직문화 전반으로 확산되어 그것이 구조화되는 단계가 필요하다. 구조화라는 것은 지속성을 가지고 양질의 결과물을 만들어내는 시스템화를 말하는 것이다. 이를 위해서는 공군에 몸담고 있는 모든 구성원들의 사고방식과 철학을 이해하며 조직문화를 어떻게 구축할 것인가에 대한 고민을 하는 것이 중요하다.

필자는 김성일 총장의 비서실장으로서 여러 가지의 '인식의 전환'을 직접 경험하게 되었다. 지휘관인 동시에 최고 경영자로서의 모습을 보여줄 수 있다는 것, 혁신을 추구하는 공군의 모습이 이렇게 아름다워질 수 있다는 것을 경험한 이후, 혁신과 6시그마에 대해 많은 사람들이 갖고 있는 부정적 인식을 조금이라도 전환시키는 활동에 기여하기 위한 바람이 이 책을 쓰게 된 근본동기가 되었다.

이 책에서는 6시그마가 무엇이며, 왜 우리의 조직에서 이것을 수용해야 하는가, 그리고 6시그마를 어떻게 적용해야 하는가 등 세부적인 추진기법을 다루고자 하지 않았다. 이미 세계적으로 최일류 기업들이 선택하여 지속적인 성공을 거두고 있는 것만으로도 6시그마의 효과성은 증명되어 있음으로 별도의 구차한 이유가 필요하지 않을 것이기 때문이다.

필자가 바라는 것은 이처럼 우수한 혁신 도구인 6시그마를 하루라도 빨리 우리 조직에 도입함으로써, 많은 사람들이 6시그마 시행으로 변화되는 조직의 문화를 경험할 수 있는 계기를 만들고자 하는 것이다.

아쉽게도 6시그마를 처음 대하는 대부분의 사람들은, 이제까지 경험하지 못했거나 들어본 적도 없는 6시그마 개념이나 통계, 데이터 등의 생소한 용어들로 인해 거부감부터 나타내고, 혁신을 하는 데 6시그마를 도입할 필요가 있는가 하고 의문을 제기한다. 실제로는 혁신이나 개선의 의지가 없으면서도 겉으로는 기법이 생소하다는 핑계를 대는 것이다.

　경험적으로 볼 때 전문가일수록 그리고 계급이 높을수록 사고가 경직되어 있다. 변화와 혁신, 창조적 아이디어는 머리가 단단히 굳어 있어 사고의 유연성이 결여된 사람들은 쉽사리 대하기 어려운 것이 사실이다. 하지만 혁신은 거창한 것으로부터 출발하는 것이 아니다. 누구라도 할 수 있고, 머리가 굳어 있거나, 사고의 유연성이 결여된 사람이라도 할 수 있다. 나부터 그리고 내 주변부터 할 수 있다는 것을 모두에게 보여주고 싶었다.

　왜 공기업이나 군과 같은 공공기관의 혁신이 어려운가?
　「TOYOTA WAY-white collar innovation」의 저자인 콘도 테츠오(近藤哲夫)는 혁신의 어려움을 다음과 같이 말했다.

　"도요타 같은 일류 기업에서도 도요타식이라는 개선방안을 도입하려고 할 경우 제조업이든 비제조업이든 상관없이 궤도에 오르는 데에는 보통 1년 반의 시간이 걸리는 것으로 나타났다. 왜 1년 반이라는 긴 시간이 소요되는지 그 이유는 불분명 하지만, 확실한 것은 이 기간 동안 종업원들이 도요타식 도입에 대한 경영진의 진심이 어느 정도인가를 지켜보고 있다."

지속성을 요구하는 혁신활동이란 자칫하면, 반짝하고 마는 경영진의 장밋빛 구호로 여겨지기 십상이다. 부하직원들은 연간 계획이나 규정과 절차에 따라 움직이는 데 익숙하다. 그들이 생각하기에 경영진의 색다른 패러다임의 변화 요구 따위는 얼마가지 못할 것이라고 생각한다. 그래서 눈치를 보는 등 경영진과의 탐색전을 벌이기 쉽다. 이미 기존의 상식과 패러다임을 바꾸는 성가신 활동은 역시 1년 내에는 무리라고 평가내리고, 적당히 마무리 되었으면 좋겠다고 여긴다. 요란하고 거창하게 시행하지만 곧 흐지부지될 것이고, 결국엔 개혁과 변화의 시도는 예상만 낭비한다고 여기는 그들이다.

기업이 이러한데 공공기업이나 군과 같은 관료 조직은 어떠하겠는가? 게다가 공기업이나 군의 최고 경영자나 지휘부의 교체 순환주기는 혁신 정착에 필요한 최소한의 기간과 비슷하거나 짧은 경우가 대부분이라는 데 근본적인 어려움이 있다.

이러한 문제를 해결하기 위해 필요한 것이 바로 강력한 혁신추진팀을 구성하는 것, 변화의 테마와 행동화 방안을 도출하고, 지혜를 짜낼 수 있는 인재를 육성해야 하는 것 세 가지이다. 이러한 임무를 갖고 조직에서의 변화와 혁신을 추진하는 조직구조가 이루어진다면, 최고 경영진이나 지휘부의 교체에도 혁신의 기조가 흔들리지 않을 수 있다.

이명박 대통령은 새 정부의 공공기관 선진화 추진에 대한 워크숍(2009. 4. 18)에서 다시 한 번 모든 공직자가 '경영 효율화'에 대한 인식을 공유할 것을 강조한 바 있다. '경영 효율화'로 모든 공공기관이 기능과 정원을 조정하고 불필요한 자산매각과 예산절감 활동을 추진하며 조직 효율화를 위해 운영시스템을 개선하는 등의 방법으로 최소

10% 이상 향상시키라는 것이다. 인력 감축 목표만 하여도 129개 기관의 정원을 17만 5,000명의 12.7%에 해당하는 2만 2,000명을 감축하는 것이며, 36개 중복 또는 유사 기관을 16개 기관으로 통합하는 등 공공기관 선진화 추진이 강도 높게 추진되고 있다.

이제 군도 기업의 경영마인드로 운영되어야 하고 가능하면 성과 측정이 가능하도록 시스템이 바뀌어야 할 것이다. 경영은 자원과 프로세스의 관리이다. 경영자원은 시대와 산업의 변화에 따라 바뀌어 왔다. 디지털시대의 중요한 경영자원은 사람, 기술, 돈, 정보, 그리고 시간이라고 생각한다. 경영에서는 이러한 자원들을 환경변화에 맞게 적기에 적재적소에 배분하고 관리하는 것이 무엇보다 중요하다. 군에서도 하드웨어적인 자원을 분배하기도 하고, 의사결정을 위한 프로세스를 운영하기도 한다.

다행히 국방부에서 6시그마를 도입한다는 소식을 듣게 되었다. 공군에서 6시그마를 먼저 시행하면서 겪었던 시행착오와 교훈, 그리고 각종 성과들을 종합해 본 자료가 조금이라도 도움이 될 것 같다. 지난 세월을 생각해 보면 만감이 교차하며, 공군에서 겪은 시행착오를 전군이 다시 겪게 되지는 않을지 걱정이 되기도 한다. 공군에서 6시그마가 시작된 것이 2004년이지만 5년이 지난 지금까지도 공군의 모든 부서로까지 확산되지 않고 있는 것을 통해 알 수 있듯이 6시그마의 도입은 결코 쉬운 일이 아니다. 갈등과 저항도 분명 존재한다. 새로운 제도를 추진하려는 지휘부와 변화에 저항하려는 조직 간의 보이지 않는 기싸움이 벌써 느껴지는 듯하다. 그러나 군 경영 효율화를 달성해야 하는 군의 사정을 고려한다면 성공적 6시그마 도입을 위해 반드시 필요한 사전준비를 완벽하게 갖추고 어떠한 어려움이 있더라도 포기하지 않겠다는 신념으로 나아가야 할 것이다.

부디 이 책을 통해 6시그마가 국방부를 비롯한 전군에 잘 정착되어 효율적 군 운영을 추구하는 데 조그마한 도움이 되기를 기대한다.

제1장

6시그마에 대한 오해

수년 전 미시간 주 앤아버에 있는 고객충성도 연구소에서 던킨도넛에 대한 조사를 했다. 조사 결과는 의외의 답을 알려주었다. 고객이 던킨도넛을 계속해서 찾는 이유는 도넛 때문이 아니라 그 가게에서 파는 커피 때문이라는 것이었다. 그 이후 던킨도넛의 판촉활동은 매장에 와서 커피를 마시려는 고객에게 초점을 맞추어 이루어 졌다. 이 사례에서 얻는 교훈은 무엇일까? 고객이 다시 찾는 이유를 안다고 생각하지 말라는 것이다. 이를 정확히 파악하고 싶다면 질문을 하고 조사를 하라. 본능이나 직관에 따라 고객에게 접근하지 말고 데이터에 기초해서 접근하라.

－「식스시그마 성공의 조건」중에서

1

왜 6시그마인가

6시그마가 탄생한 것은 1987년이다. 당시 미국 모토로라 사는 일본
기업의 도전에 직면하게 된다. 생존의 위기에까지 몰렸던 미국의 모토
로라 사는 6시그마라는 통계적 품질관리 경영기법을 만들어냈는데 상
당한 효율성을 얻을 수 있었다. 6시그마는 이제 세계 초일류 기업들이
도입하여 사용하고 있는 혁신적 경영기법이 되었다. GE에 6시그마를
도입하여 전 세계에 6시그마 확산의 계기가 되도록 했었던 전 CEO
잭 웰치는 "6시그마가 GE 운영방법의 '유전자 DNA'를 완전히 바꾸어
놓았다"라고 표현할 정도였다.

삼성경제연구소(CEO Information, 2005. 8)에 따르면, 2000년을
전후하여 6시그마가 세계로 확산되었고, 현재 세계적 기업의 40% 이
상이 6시그마 경영을 추진하고 있으며, 2005년 포춘지 선정 글로벌
500대 기업 중 200개 이상의 기업이 6시그마 추진을 공식화했다. 국
내에서는 삼성과 LG 같은 선도 기업이 1996년에 이미 6시그마를 도입
하여 10년 이상 운영하고 있으며, 국내 100대 기업 중 90개 이상이
기업 경영혁신활동의 수단으로 6시그마를 채택했다. 이렇듯 혁신을
목적으로 하는 6시그마 전략의 잠재력은 오늘날 많은 최고 경영자들
에게 상당한 의미를 부여하고 있다.

6시그마 기본 개념은 이렇다

6시그마는 통계학에서 나온 용어로서 '표준편차'라고 불리며 분포의 산포 정도인 에러나 불량발생 확률을 가리키는 의미가 포함되어 있다. 통계학에서는 100만 번의 시도 중 3~4회 수준의 에러가 발생하는 것을 6시그마로 규정한다.

1987년, 6시그마는 모든 현상을 수치로써 나타내어 품질관리 개념으로 도입한 것에서 비롯했다. 6시그마를 창시한 마이클 해리는, "우리가 어떤 것을 수치로 설명할 수 없다면 우리는 그것에 대해 잘 알지 못하는 것이고, 그것을 잘 알지 못한다면, 우리는 그것을 관리할 수 없다. 즉, 그것을 관리할 수 없다면 기회를 잃는 것이다."라고 했다. 그만큼 표면상으로 6시그마는 수치의 정교화를 중요하게 생각한다.

6시그마의 본질은 다른 어느 것보다 우선하는 개념, 즉 '편차(Variation)'에 있다. 우리가 일상생활에서 평균만을 믿고 의사결정을 한다면 큰 낭패를 볼 수 있다. 구성원의 소득이 연간 평균 8,000만 원이라는 통계가 있다고 할 때 높은 편이므로 문제가 없어 보인다. 하지만 양극화로 대부분의 소득이 1,000만 원 미만이고, 일부가 수억 원에 육박한다면 분명 문제가 있음에도 단순 평균으로는 문제가 나타나지 않는다. 그렇기 때문에 보다 현명한 판단을 하기 위해서는 평균과 함께 데이터들이 흩어져 있는 정도(산포)에 대한 정보도 필요하다. 균일하게 산포되어 있는지 균일하게 산포되어 있지 않은 지를 알아내는 것은 대상의 본질을 아는 데 통계학적으로 매우 중요하다.

이때 산포에 대한 정보를 제공하는 수치를 '표준편차(standard deviation)'라고 하고, '시그마(Sigma)'라고 읽으며, 그리스어인 'σ'로 표기한다. 표준편차가 '0'일 때는 관측 값의 모두가 동일한 크기라는 것을 나타낸다. 표준편차가 클수록 관측값 중에는 평균에서 떨어진 값이 많이 존재하는 것을 나타낸다. 6시그마의 성과를 고객에게 전달하기 위해서는 평균만이 아닌 배경에 숨어 있는 편차(최대와 최소의 차이)를 줄이는 것이 중요하다.

'우연요인'과 '이상요인'

잭 웰치는 "우리가 6시그마를 도입하는 이유는 이와 같은 프로세스의 산포를 줄이기 위함이며, 관리자의 책임은 우연요인에 의한 산포를 줄이는데 있다."고 했다. 산포(散布, distribution)는 흩어지거나 퍼져 있는 상태를 말한다. 산포가 발생하는 원인에는 '우연요인'과 '이상요인'이 있는데, '우연요인'이란 프로세스가 관리된 상태에서 발생하는 품질 변동의 원인이다.

교통사고를 예를 들면, 법규를 준수 했음에도 도로포장이나 부적절한 교통신호 체계 등이 원인이면 '우연요인'이고 음주, 과속, 신호위반 등 운전자의 과실에 의한 것이면 '이상요인'에 해당한다. '우연요인'은 대개 제도나 환경적인 요인에 따른 것이다. 즉, 행위주체자의 생각이나 의도, 행동과 상관없이 일어나는 일이다. 이러한 관점에서는 만약 생산성이 떨어지거나 불량품이 발생하면 대개 '이상요인'에 주목하기 쉽다. 즉, 노동자나 구성원들의 잘못에 원인을 돌리는 것이다.

경영자는 '이상요인'에만 책임을 전가하는 것이 통상적이었고. 더 근본적인 원인인 '우연요인'은 크게 생각 하지 않는다. 무엇보다 그 '우연요인'의 책임은 경영자에 있다는 것을 몰랐다. 에드워드 에밍 박사는 "기업 경영에서 발생한 산포의 94%는 우연요인에 의한 것이며 이것은 경영자의 책임이다."라고 했다. 왜 이런 일이 벌어지는 것일까? 이제까지는 작업자의 실수가 없이 안정된 프로세스 안에서 변동이 발생했을 경우, '우연요인'이 근본원인이라는 것을 경영자는 몰랐기 때문에 작업자에게만 책임을 묻기 마련이었던 것이다. 결국 6시그마는 이렇게 '우연요인'이 만들어내는 결과의 산포를 좁히는 데 초점이 맞추어진다.

이 말을 듣게 되는 것으로도 6시그마에 대한 호의적 감정이 많은 사람에게 생길 수 있다고 믿는다.

2

6시그마는 머리가 아닌 마음으로 하는 것

6시그마 활동을 이해하기 쉽게 정의한다면 다음과 같다.

"사실과 데이터에 근거한 합리적인 의사결정으로서 경영혁신을 도모하고 조직문화를 변화시키는 경영활동"

6시그마는 통계적 수단이자 방법론이며, 경영의 질을 향상하는 경영전략인 동시에, 문제를 대하는 태도와 사고방식, 일하는 행동양식을 결정짓는 철학적 개념이기도 하다. 즉, 우리가 하는 모든 일과 연관되어 있다. 통계적으로 보면 많은 기업들이 어려움을 겪거나 실패하는 원인은 기업 경영전략이 잘못 수립되었기 때문이 아니라, 기업 경영전략을 효과적으로 '실행'해 옮기지 못했기 때문인 것으로 나타나고 있다.

최고를 지향하는 6시그마

'일등 기업에는 일등 문화가 있다'고 한다. LG 경제연구소가 2004년 조사한 자료에 의하면 기업에서 추진하고 있는 혁신의 성공 여부는

기술적인 측면보다는 '조직문화'의 수준에 좌우된다. 혁신에 한계를 느끼는 기업들은 그 이유로, 변화에 대한 거부 의식/태도(45%), 역량/실행 계획 문제(23%), 경영층의 리더십 부족(17%)에 의한 것으로 생각하고 있으며, 혁신활동에 성공한 요인으로는 리더십과 동참의식이 62%를 차지하고 있다. 혁신 성공의 여부는 몰라서 못하는 것이 아니라, 알아도 '마음'이 따라주지 못한다는 것이다.

6시그마를 추구하는 모토로라, GE, 창조와 실험정신 3M, 제일주의 삼성 등 초일류 기업들은 최고의 성과를 만들어 내기 위해서 전 구성원들에게 그들 특유의 일등의식을 갖도록 기업문화를 만들어 나가고 있다. 최고가 되는 것은 최고가 되겠다는 의식과 행동에서 나오는 것이다. 이렇게 최고를 지향하는 기업문화가 6시그마 활동을 지지하는 강력한 힘이 된다.

6시그마는 기업전략을 확실하게 실행하기 위한 수단으로써 사실에 근거한 데이터와 통계 측정 기법, 리더와 부하직원 간의 공동의 언어와 수단, 조직의 에너지 집중, 그리고 확고한 피드백 프로세스를 제공한다. 6시그마 프로젝트 운영을 통해 나타나는 효과는 몇 가지로 구분해볼 수 있다. 경영성과의 효과는 물론, 혁신활동과 관련된 용어가 통일됨으로써 조직의 의사소통이 원활해지고 탄력성이 증가된다. 이러한 과정을 통해 전 조직원이 문제해결 전문가로 양성됨에 따라 문제해결 역량이 강화되는 등 조직문화를 전반적으로 개선시키는 부수적 효과가 더욱 크다고 할 수 있다.

6시그마 활동의 특징

6시그마 활동이 많이 알려지기는 했지만, 한국표준협회 하석광 책임전문위원은 다른 혁신활동과 구분되는 다음과 같은 특징을 갖는다고 했다.

첫째, 고유한 자격제도를 통하여 혁신 전문가를 체계적으로 양성한다

지금까지의 많은 혁신활동들은 추진부서와 실행부서가 별도로 나뉘어졌다. 이에 따라 추진부서의 몇몇 담당자들만 해당 혁신활동을 이해하고 나머지 실행부서는 시키는 데로만 따라하는 형태를 벗어나지 못했다. 그러다 보니 구체적인 지침이 더 이상 내려오지 않으면 실행부서에서는 하고 있던 활동도 어떻게 계속할지 몰라 해당 활동이 한순간에 중단되거나 사라지는 현상이 이어져 왔다.

하지만 6시그마 활동은 추진부서와 실행부서의 이중적 괴리 현상을 최대한 줄인다. 추진부서뿐만 아니라 실행부서의 많은 인력이 교육과 프로젝트 지도를 통하여 Green Belt, Black Belt 등의 전문가로 양성됨으로써 자기 부서의 문제를 스스로의 힘으로 해결하는 데 익숙하게 된다. 다음에 언급할 인사제도와 연계할 경우에는 자율적으로 활동이 진행될 수 있는 체계를 가지고 있다. 또한, 이렇게 양성된 혁신 전문가는 개선 프로젝트를 수행하지 않을 때에도 본인의 고유 업무를 수행하는 과정에서 6시그마에서 배운 여러 가지 기법을 활용하여 업무 수행 능력 향상이라는 큰 효과를 거두고 있다.

둘째, 인사제도와 연계한 평가/보상 시스템이다

엄격한 테스트를 통하여 Belt 인증을 수여하고, Belt 인증을 받는 인력에 대해서는 Green Belt, Black Belt, Master Black Belt의 등급에 맞는 인센티브를 제공한다. 일반적인 다른 혁신활동의 경우 보상제도가 과제를 완료한 시점에 1회에 한하여 주어지는 경우가 대부분이지만, 6시그마 활동은 이외에도 인사고과 평가 시 가점을 부여하는 'Positive system'과 Green Belt 이상의 자격을 따지 못하면 승진에서 제외시키는 'Negative system'을 통해 인사제도와 연계한 인센티브 시스템을 운영하고 있다. 또한 Belt 제도는 자격을 받기 위한 인증심사 제도 외에도 자격을 지속하기 위한 유지심사 제도를 두고 있어 한 번 자격을 받았다 하더라도 계속 활동을 하지 않으면 자격이 정지되는 특징이 있어 6시그마 활동이 정착단계에 들어선 이후에는 활동이 자율적으로 진행되는 장점이 있다.

셋째, 개선과제의 성격에 적합한 체계적 문제해결 방법론을 제시한다

6시그마 문제해결 방법론은 제조와 사무 간접, 설계/개발의 세 부분으로 크게 나누어져 있는데, 각 부분에는 그에 맞는 교육과정과 활용기법들이 잘 정리되어 있다. 그것은 바로 개선과제의 성격에 맞게 체계적인 문제해결 방법을 제시하는 데 목적이 있는 것이다. 이러한 점은 제조 범위를 뛰어넘은 광범위한 적용가능성을 내포하게 만든다. 이렇게 제조 업무에 국한되지 않은 광범위한 적용성 때문에 최근에는 제조 회사를 비롯해, 금융/서비스 업체는 물론 많은 공공기관들까지도 6시그마를 전사적인 혁신활동의 도구로 활용하고 있는 것이다.

일반적으로 많이 알려진 DMAIC는 제조와 사무 간접 부분에서 주로 활용하는 문제해결 방법론인 'Define-Measure-Analyze-Improve-Control'의 약자인데, 이는 문제해결 과정이 크게 5단계로 진행됨을 의미한다. 문제의 본질과 범위를 규정하고 측정한 뒤 분석하며 그것을 바탕으로 개선, 통제하는 과정을 말하는 것이다. 공군에서는 최근까지 정비창을 위주로 'QC' 활동이 많이 진행되어 왔다. QC 활동에서 활용되는 QC Story는 일반적으로 열 단계의 문제해결 방법론을 활용하는데, 그 내용이 6시그마의 문제해결 방법론과 유사한 부분이 있기는 하지만, 문제의 성격에 따라 구분되지 못하고 제조 부분에만 초점을 맞추어 개발된 단점이 있어 정비 외의 모든 업무영역으로 활동을 확산하기에는 제약이 있다.

넷째, FEA(Financial Effect Analyst-재무효과 분석전문가) 제도가 있어 프로젝트 수행의 결과를 꼼꼼하게 점검한다

일반적으로 개선 프로젝트가 완료되면, 그 효과를 집계하게 되는데 기존의 활동의 경우 프로젝트 수행 담당자가 1차적으로 효과를 평가하고 나면, 제3자가 그 내용을 검정하는 작업은 제대로 이루어지지 않고 있는 것이 사실이다. 하지만 6시그마 활동에서는 FEA 전문가를 별도로 양성하고 이 전문가로 하여금 모든 프로젝트의 유효성을 철저히 검정하도록 함으로써 기대효과가 부풀려지거나 잘못 평가받는 일이 없도록 한다. 따라서 FEA 제도는 기대효과에 대한 공정한 인센티브를 부여하는 데 중요한 역할을 담당하며, FEA 전문가는 6시그마 활동에 있어 Black Belt에 상응할 만큼 전문가로서 인정을 받고 있다.

요컨대, 고유한 자격제도를 통하여 혁신 전문가를 체계적으로 양성하고, 인사제도와 연계한 평가/보상 시스템을 갖추고 있는 것이 6시그마이다. 또한 개선과제의 성격에 적합한 체계적 문제해결 방법론을 제시하고, FEA(Financial Effect Analyst-재무효과 분석전문가) 제도가 있어 프로젝트 수행의 결과를 꼼꼼하게 점검한다. 이 외에도 6시그마 활동을 관리하기 위한 IT 기반의 PMS(Project Management System) 시스템이나, Top-Down 방식의 전략과 연계한 개선 프로젝트의 선정, 챔피언 리뷰를 통한 관리자(지휘관)의 강력한 Commitment 등을 그 특징으로 꼽을 수 있다. 이러한 기법과 시스템이 추구하는 것은 궁극적으로 사람들의 마음이며 조직문화의 구축이다. 그 과정에서 사람들의 마음을 변화시키고, 그것을 바탕으로 기법과 시스템을 운영하면서 조직문화의 일신을 추구하는 것은 물론 변화된 조직문화를 지속시키는 것이 무엇보다도 중요하다.

제2장

공군에서 6시그마를?

혁신 그 아프고도 아름다운 변화

솔개는 수명이 40년이 되면 기로에 선다. '죽든가' 다시 '오래 살든가'이다. 다시 살기를 선택한 솔개는 스스로 바위에 부리를 부딪쳐 새로운 부리가 나오게 하고 새로나온 부리로 기존의 발톱과 깃털을 뽑아 새로운 모습으로 비상하여 30년을 더 산다고 한다.

1

6시그마의 시작, 비장한 출발

2002년, 한·일 월드컵에서 거둔 한국팀의 4강 진입과 세계인의 뇌리 속에 강렬한 장면으로 각인된 열정적인 붉은악마 응원단 덕분에 한껏 고양된 대한민국의 저력이 넘쳐나 사회의 곳곳에서 자신감과 신바람이 넘치는 시기가 지속되고 있었다. 하지만 어느 조직이나 사회가 그러하듯 그 가운데는 여전히 성장을 이어나가는 기업과 IMF 경제의 충격에서 여전히 힘들어하는 기업, 미래를 준비하는 조직이 있는 반면 현재에 머무는 조직, 사회를 이끄는 사람과 방관자가 있기 마련이다.

하지만 공군의 임무는 늘 그래왔듯이 과거처럼 현재에도 그리고 미래에도 '빈틈없는 영공방위'이며 '완벽한 비행안전' 추구는 늘 함께 안고 가야하는 숙제이다. 한 대당 가격이 1,000억 원 이상인 F-15K 전투기를 도입하는 등 끊임없이 많은 예산을 투입하여 최신 항공기를 도입하여 운영하고 있으나, 40년 가까이 활약한 퇴색해 버린 노후 전투기의 비율은 여전히 많은 비율을 차지하고 있는 상황이다. 반면에 노후 항공기의 부품획득은 시간이 지날수록 어려워 정비결함으로 인한 사고 발생 가능성은 공군 지휘부와 수많은 조종사를 늘 압박하는 요인이 되었다. 특히, 노후 항공기의 보유율이 높았던 남부 사령관의 지휘관심은 '어떻게 하면 항공기 결함률을 낮추고 안전한 훈련을 보장할 수 있는가?'였다.

우리 공군의 정비수준은 세계 어느 곳에 내놓아도 자랑할 만하다고 늘 자부하는 높은 수준이다. 실제로 이라크 전쟁에 참여한 다이만 부대(C-130 수송기 운용)의 뛰어난 작전능력은 언제나 임무를 100%보장하는 정비팀의 자신감에서 근거한 것이다.

그러나 모든 정비 분야가 다이만 부대처럼 우수한 성과를 보인 것은 아니다. 각 부대별로 차이가 있었으며, 세부적으로 분류되어 있는 다양한 정비 특기 분야, 예를 들면, 엔진, 기체, 무장, 전기, 유압, 통신, 등 분야별 정비 수준의 차이는 분명히 존재하고 있었다. 전체적으로 보면 '양호한 정비품질 수준'이었지 '만족할 만한 품질수준'은 아니었다. 남부사 소속 항공기의 결함률은 공군 전체 평균 결함률보다 항상 높게 나타나고 있었으며, 위기의식의 부재와 불명확한 목표의식 때문인지 항공기 결함률은 높은 상태로 수년간 정체되어 있었다. 관계자들은 현 수준 유지에 안주하여 만족할 뿐, 개선의 희망과 노력은 어디에도 보이질 않았다.

남부사 참모들은 이러한 문제의 해결을 위해 무엇인가는 해야 했다. 6시그마 활동이 세계적 선진 기업들에 의해 효과가 검증된 방법으로써 경영개혁이 목적인만큼, 정비 품질 향상뿐만 아니라 사고방식의 변화와 업무방식의 개선을 위해 6시그마가 필요하다고 믿었다. 지금까지는 어떠한 조치가 필요하다고 생각하면 임무에 투입하는 시간과 노력만 증가시켰다. 때로는 열심히 하는 것처럼 보이려고 사무실에서 오랫동안 머무는 바람직하지 못한 행태도 가끔씩은 보아왔다. 경험만 믿고 열심히 하는 'Work harder'가 아닌, 효율적으로 일하는 방법, 'Work smarter'인 6시그마를 우연히 접하게 된 것은 나에게는 행운이었고, 공군에게는 축복이었다. 6시그마에 관한 책을 여러 권 구입하여 독학으로 개념을 잡은 뒤, 삼성경제연구소 6시그마 실장 임상규 박사를 2004년 7월 13일에 초청하여 자문을 구하게 되었다. 일면식이라고는 전혀 없는 임상규 박사를 그것도 자문비용도 전혀 없이 서울에서 무더위가 한창인 대구까지 내려오도록 요청한 내 자신이나 흔쾌히 응하신 임 박사나 6시그마의 열정이 맺어준 인연이 아닌가 한다(다시 한 번 임상규 박사께 감사를 드린다). KTX 기차에서 내려와 마주한 임 실장에 대한 첫 인상의 기억은 마치 군에 갓 입대하여 어리둥절해 있는 신병의 모습처럼 무엇이 자신을 대구까지 오게 만들었는지 아직도 모르고 있는 것 같았다.

｜멍들어 가는 조직의 여섯 가지 징조

✓ 현재의 성공에 안주한다.
✓ 부서 간 장벽이 높다.
✓ 실속 없는 전시성 관리 행태가 많다.
✓ 보신주의가 팽배한다.
✓ 인재들이 조직을 떠난다.
✓ 진실한 정보가 위로 전달되지 않는다.

출처 : LG경제연구원

희망적인 초기 진단

  항공기 정비는 기업의 제조 프로세스와 사무관리 프로세스가 혼합
된 형태로 볼 수 있으며, 정비사의 기술능력에 따라 정비 기술(Skill)
의 분포가 다름으로 개개인의 기술 관리가 무엇보다 중요하다. 실제로
2004년 전반기 항공기 결함을 부대별로 분석해 본 결과, 예방정비 결
함이 많은 부대는 임무 수행에 지장을 주는 주요결함 발생률이 낮은
것으로 분석되었다. 반면, 같은 대수, 동일 기종의 항공기를 보유한
경우에도 평소에 계획 및 비계획 사전 예방 정비가 미흡한 경우에는
주요 결함 발생률이 높은 것으로 나타나 정비 프로세스-공정능력 및
관리능력-의 중요성이 인식되었다.

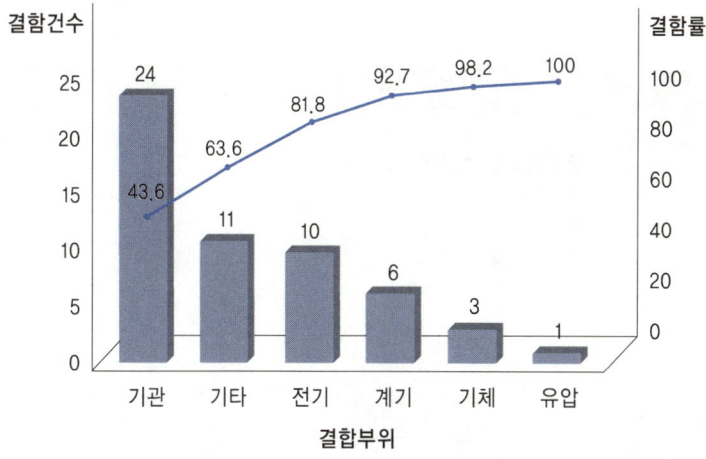

▐ 그림 2-1 ▐ **계통별 결함**(2003. 7. 1~10. 31) 남부사 항공기 결함원인 중 기관(엔진) 계
통의 결함이 가장 많은 경향성을 나타내는 그래프임.

당시 공군에서는 항공기 정비 관련 데이터를 활용하기 위해 항공기 정비정보체계, AMMIS(Aircraft Maintenance Management Integrated System)를 운영하고 있었다. 체계에 포함된 내용은 항공기 결함 발생 일시 및 결함 상태, 정비작업 내용, 조치 결과 그리고 항공기 가동률 등이고 기종별로 분류되어 있었다. 임상규 박사는 대구 기지의 정비 현장 방문과 AMMIS 체계의 정비 통계자료 현황과 활용 방법, 그리고 사용자 환경 등을 모두 둘러본 후에 6시그마 기법으로 항공기 결함을 감소시킬 수 있는 것으로 판단했다. 이러한 분석과 자신감을 토대로 6시그마 시행여건과 분위기 조성을 위해 항공기 결함 중 가장 높은 결함률을 보이고 있는 기관(Engine) 계통을 대상으로 시험적용을 해 보기로 필자와 의견의 일치를 봄으로써 공군에서의 역사적인 6시그마 활동이 시작하게 되었다.

┃그림 2-2┃ 공군 장비정비정보체계 (사용자 지침서) AMMIS 체계는 항공기 보급 정보체계 ASIS(Aircraft Supplies Information System)와 정밀측정장비 통합관리 체계 PIMS(PME Integrated Management System)과 통합되어 공군 장비정비정보체계 DELIIS/F(Defense Logistics Integrated Information System/Air Force)로 발전되어 2008년 12월부터 공군 군수정보체계의 중심으로 자리 잡고 있다.

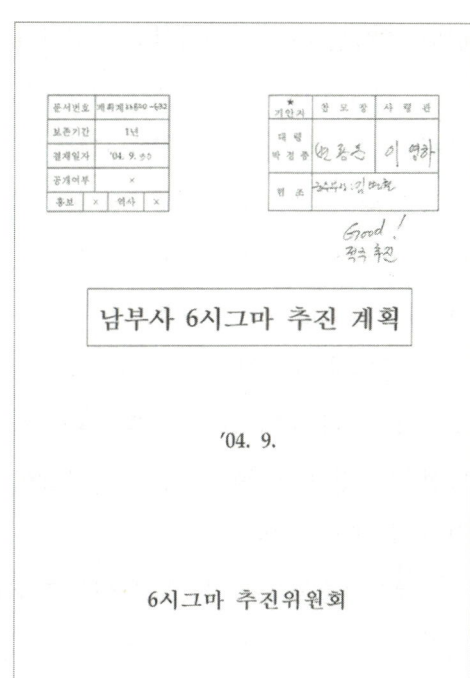

남부사 6시그마 추진 계획

'04. 9.

6시그마 추진위원회

┃그림 2-3┃ 남부사 6시그마 추진
계획(2004. 9) 필자가 남부전투사령
관에게 6시그마 도입을 건의한 계획서
로서 공군 6시그마 최초 시발점이 되었
다는 의미가 있다.

돈키호테가 되련다

필자가 6시그마를 공군에 2004년에 도입함으로써 의미 있는 첫발을
내딛게 되었는데, 이는 우리 군 전체에서도 최초이지만, 미국 공군보
다도 2년이나 먼저 출발한 것이 된다. 미군의 경우 육군과 해군이
2002년에, 공군은 2006년에 6시그마를 받아들여 인원 감축과 경비절
감 측면에서 가시적 성과를 거두고 있다.

남부사 6시그마 추진계획(2004. 9)을 수립하여 보고함으로써 공식
적으로 6시그마 추진을 위한 계기가 마련되었으나 시련은 이때부터
시작되었다. 시작은 하였지만 전폭적인 권한도, 교육을 위한 예산 마

런도, 변화를 위한 위기의식도 조성되지 못했던 참으로 열악한 상황이었다. 게다가 6시그마 최초 시범 과제로 선정한 것이 정비결함 감소 과제였는데, 정비 경험도 없는 전투기 조종사가 그 문제에 접근하여 헤집고 다닌다는 생각에 누구하나 호의적인 사람이 없었다. 그 당시 공군 군수사령부에서는 나름대로의 정비품질 활동인 TQM(Total Quality Management)과 분임조 활동이 전개되고 있는 상황이었는데, 정비 분야의 계급이 높을수록 그리고 정비책임부서일수록 적대적인 느낌이 그들로부터 전해져 왔다. 과감한 변화를 시도하는 한 개인에게 맞선 조직적인 저항은 풍차 앞에 용감히 버티고 있는 돈키호테의 상황과 다를 바 없었다.

성공적인 6시그마 적용을 위해서는 충분한 사전준비와 체계적인 도입이 중요하다는 것을 많은 사례를 통해 보아왔다. 성공한 기업의 사례만을 보아서는 안 되며, 최고 경영층의 이해와 리더십, 전문인력 양성 그리고 모두가 함께 참여하여 일하는 방법을 개선해야만 했다. 무엇보다 공군 문화가 바뀌어야 하는데, 이것이 한 개인의 노력으로 가능한 것인지 의구심과 함께 중압감으로 다가왔다.

그러나 6시그마라는 눈앞의 떡을 놓칠 수가 없었고 정비 결함률을 낮추어야 하는 숭고한 도전은 분명한 동기부여가 되었다. 아무리 그럴 듯한 목표라도 위기의식 없이는 쉽사리 이룰 수 없다. 목표달성은 위기가 심각할수록 더 뜻 깊은 의미를 지니게 되므로, 이러한 주변상황은 오히려 목표달성을 위한 열정을 불러일으키는 계기가 되었다.

그래서 출발한 것이 젊고 열정 있는 정비장교를 포함한 다섯 명(필자인 계획부장 대령 박경종, 군수부장 대령 김병철, 두 명의 정비계획장교 등)으로 이루어진 추진조직이 참모장 변종돈 장군을 중심으로 구성되었고, 최초로 정비장교 두 명을 6시그마 그린벨트 교육연수에 참가시켰다.

이제 주사위는 던져졌고 배는 항구를 떠났다. 장수가 한번 칼을 빼들었으면 무라도 베어야 한다고 했던가….

1%의 가능성만 있어도 한다

2005년 4월에는 한국표준협회에서 혁신활동 추진을 위한 기초자료 조사로써 ○○ 비행단 조직의 변화에 대한 수용력을 진단하고, 장·단기적 관점에서 6시그마 활동추진 필요성과 그 성공 가능성을 분석했다.

평가 항목은 리더십, 조직문화 및 지원 인프라, 프로세스 매니지먼트, IT 및 시스템 운영 수준, 기존 경영개선 활동 수준, 개선활동 평가 및 보상 등 여섯 개 분야였다. 진단결과는 대기업의 평균수준과 비교해 볼 때 프로세스 매니지먼트 항목을 제외하고는 모두 크게 미달되었다.

세부항목별 진단결과는 매우 아쉬운 것이었다.

리더십 항목은 변화와 개선의 필요성에 대하여 일부 지휘관들의 의식은 깨어 있는 편이었다. 하지만, 실무자(준사관~부사관) 들이 개선활동에 참여하도록 여건을 조성하는 적극적 태도까지는 이르지 못했다.

조직문화 및 지원 인프라 측면에서 볼 때 자신의 업무에 대한 자부심은 어느 정도 가지고 있었다. 하지만 현시점에서 변화의 니즈(Needs)는 약한 편이며, 새로운 활동(6시그마)에 대한 거부감과 두려움의 반응을 나타냈다. 이는 조직문화와 각종 제도 그리고 인프라가 많이 부

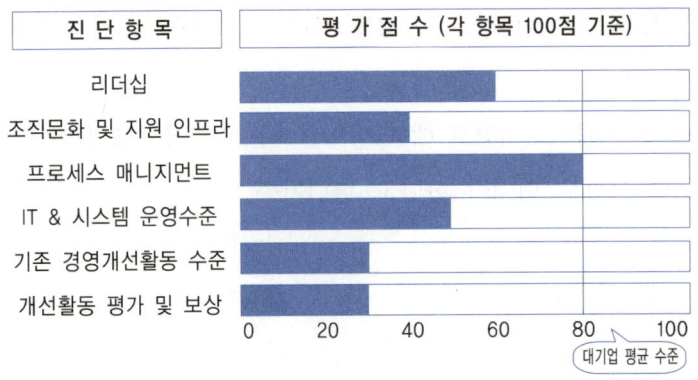

진 단 항 목	평 가 점 수 (각 항목 100점 기준)
리더십	
조직문화 및 지원 인프라	
프로세스 매니지먼트	
IT & 시스템 운영수준	
기존 경영개선활동 수준	
개선활동 평가 및 보상	

대기업 평균 수준

▌그림 2-4▌ 조직의 변화에 대한 수용력 진단결과   2005년 4월 한국표준협회에서 실시한 ○비행단 조직의 변화에 대한 수용력 진단결과이다. 기대수준에 크게 미달되어 아쉬움이 느껴졌던 순간이었다.

족한 것을 의미했다.

업무에 대한 역할 분담 및 관리 책임에 관한 프로세스 매니지먼트는 비교적 명확히 규정되어 있었다. 하지만 실무자들이 개선활동을 부가적인 업무로 인식하고 있는 수준이었다. 비교적 양호할 것으로 예상되었던 IT 및 시스템 운영수준에 있어서도 비슷했다. 항공기 정비정보관리 시스템(AMMIS)을 비롯하여 일부 시스템을 운영하고 있었지만 일상적인 정비활동을 기록하여 유지 관리하는 목적으로만 사용할 뿐, 축적된 데이터를 활용하지는 못하고 있었다. 개선활동의 수행평가를 위한 시스템은 갖추고 있지도 않았다. 또한 부분적으로 시행하고 있는 개선활동 내용마저도 사후관리가 되지 않고 있었다. 경영 개선활동과 이의 평가 및 보상 시스템 면에서는 개선 마인드를 갖춘 개개인에 의해 부분적인 개선이 진행되고 있었다. 이에 대한 평가 및 보상체계의 미비로 개선활동이 개인의 주요업무로 자리 잡지 못하고 있는 등 종합적인 측면에서 대기업과는 비교가 될 수 없을 정도로 낮은 수준을 보이고 있어 참담한 기분을 감출 수 없을 정도였다.

게다가 SWOT(Strengths Weaknesses Opportunities Threats, 강점과 약점 위기와 대안 분석) 분석을 통해 살펴보니 군조직의 특성상 혁신활동에 핵심역할을 해야 할 지휘관들이 자주 이동을 하고, 조직문화가 변화를 수용하기에는 경직되어 수용력이 부족했다. 임무 환경적으로도 개선기법에 대한 기초지식이 없는 상태였으므로 교육에 장기간이 소요될 것으로 분석되었고, 성과 평가와 보상 시스템이 부재하고 문서를 포함한 데이터 관리 시스템의 수준이 낮아 적절한 대안 마련이 어려운 것으로 나타났다.

그러나 지휘관을 중심으로 변화의 니즈를 보이고 있어 변화에 대한 두려움의 경우 강력한 지휘체계를 통하여 초기 저항은 극복이 가능할 것으로 판단되었다. 또한 항공관련 업무 특성상 문서화와 표준화에 익숙함으로 데이터 및 자료정리가 용이하고, 개선활동을 접해보지 못하였기 때문에 매너리즘에 빠질 위험이 오히려 적은 것이 기회로 분석되었다.

민들레 홀씨가 되어

많은 난관과 어려움이 현실로 다가왔지만 남부사 계획의 일환으로 ○○ 비행단에서 6시그마 활동에 참석하였던 참가자들의 소감은 앞으로 닥칠 모든 어려움을 극복할 수 있는 무엇보다 강한 응원이 되었고 가슴속에 진한 감동으로 다가왔다.

값진 경험

"막막하다…."

처음 이 프로젝트의 팀장을 맡고, 팀원들과 첫 회의를 마친 뒤 내 입에서 자연스럽게 흘러나온 말이다. 무엇보다 6시그마라는 경영기법이 생소했고, 다음으로 팀원들의 의욕이 저조했으며, 마지막으로는 주제가 내 분야와 동떨어진 것이라 막연했다. 프로젝트를 진행한 3개월의 기간은 어찌 보면 이때 직감했던 이 막연한 세 가지 어려움과의 싸움이었다.

첫 번째 어려움이었던 6시그마에 대한 무지를 해결하기 위해, 무엇보다 나는 공부를 해야 했다. 그러다보니 점차 생소하기만 했던 이 경영학적 사고방식이 친숙하게 다가오기 시작하였다. 군대라는 곳에 와서 마냥 수동적인 사고방식에 길들여질 것이라 예상했던 내게 단비와도 같은 지적욕구요, 새로운 계기였다.

"새로운 사고방식과 지식을 향한 무한한 지적 욕구…."

이 프로젝트를 하면서 얻게 된 가장 커다란 수확이었다. 하지만 아무리 6시그마를 이해하기 시작했다 하더라도 팀원들의 힘을 집중시켜 효율적으로 프로젝트를 진행한다는 것이 또 하나의 커다란 난제였다. 방향을 잡기 나름이었던 프로젝트의 출발점에서, 나는 팀원들과 많이도 싸웠다. 그렇지만 팀원들과 나는 '끈질겼다'. 질기게 토의했고, 팀원 어느 누구도 쉽사리 무임승차하지 않았다. 그 끈질김이 어느새 팀의 결속을 만들어냈고, 프로젝트 방향 또한 잡아나가게 했다.

마지막으로 상수돗물 절약이라는 프로젝트는 나를 비롯한 우리 팀원들에게 요원한 주제였다. "물 절약하는 데 왜 6시그마를 적용하는가", "도대체 이렇게 해서 어떠한 개선방안을 내놓을 수 있을까"라는 의구심은 프로젝트를 진행하는 내내 팀원들의 머릿속을 떠나지 않던 생각이었다. 프로젝트 진행에 있어 가장 중요한 요소였던 '측정 수단'인 수도 계량기가 비행단 전 건물에 걸쳐 설치되어 있지 않았고, 15% 남짓한 일부 건물에만 있다는 사실 또한 맥이 빠지게 했던 어려움이었다.

그러한 상황 아래에서 우리 팀은 '표본'이라는 개념을 중요시하기 시작했다. 그나마 계량기가 설치되어 있으면서 용수 사용 패턴도 비슷한 '생활관'을 측정 범위로 삼았고, 3M의 6시그마 컨설턴트에게도 타당한 방법임을 인정받았다. 이때의 뿌듯함은 지금까지도 가시지 않을 정도로 컸다. 가장 커다란 산을 넘은 기분이었다. 이후에도 개선방안을 찾는 브레인스토밍과 과제들을 적용해 나가야 하는 자그마한 산들이 많았고 그때마다 적절한 돌파구를 만들어 나갔다. 처음엔 막연하기만 했던 그 프로젝트가 나름대로 하나의 논리를 갖춘 자료로 만들어졌을 때 느낀 보람은, 앞으로 군 생활을 해 나가는 데 있어 어려움이 생길 때마다 나를 이끌어 줄 큰 동력으로 작용할 것이다.

— 소위 백호범, 공군 제3훈련비행단

(공군 3훈련비행단에서 6시그마 프로젝트 종료 후 소감문을 국방일보에 게재한 내용임)

군 조직의 특성에서 나타나 있는 것처럼 필자는 1년 만에 새로운 보직을 받아 남부전투사령부 계획부장에서 원주 ○○ 비행단 감찰실장으로 발령받았다. 남부사에서 6시그마의 씨앗을 척박한 토양에 뿌려놓은 후에 새로 보임된 비행단에서 그 열정이 식도록 남겨 놓을 수가 없었다. 앞에서 이야기한 것처럼 ○○ 비행단 6시그마 시범운영의 결과가 희망적으로 나왔기 때문에 이제는 불안감보다는 자신감을 갖고서 6시그마 확산을 위한 단계에 착수했다.

비행단 6시그마 전담조직을 비록 비상설이긴 하지만 25명 수준으로 구성하고, 추진위원장으로서 의욕적으로 출발했다. 이번에도 공군과 아무 인연도 없는 한국철도공사의 도움을 받기로 하고 경영혁신팀의 컨설팅과 6시그마 추진요원 25명에 대한 교육을 부탁했다. 비행단의 최고 지휘관은 아니었지만, 대령급 지휘관들을 교육에 포함시켜 교육에 참여한 한국철도공사 강사에게서 좋은 평가를 받을 만큼 점차 열기는 높아져 갔다. 교육을 마친 후 시범과제를 해결하게 함으로써 공군의 그린벨트의 숫자는 총 20여 명으로 늘어나게 되었다.

6시그마 경영기법 전 공군 확산

'공군 남부전투사령부가 최신 민간 경영기법인 6시그마에 의한 통계적 기법을 적용, 병영생활 만족도를 향상시키는 해결책을 제시해 화제…'

— 국방일보, 2006. 9. 16

*남부사는 'Open Communication을 통해 명랑한 병영문화 확립을 통한 병영생활 만족도 향상'

남부사는 영내 전 장병을 대상으로 설문조사를 실시, 그 중 치명인 자(7개)와 관심인 자(6개)를 도출해 집중적으로 개선시켜 나가는 프로그램으로 시행 결과 군내 악성사고 근절과 장병 스트레스를 크게 감소시키는 성과를 거둔 것으로 평가

*대표적 프로그램은 사이버 환경 개선, 한계돌파 과정, Flag 제도 등이 있으며 시행 결과 불만족률 30% 개선, 스트레스 지수 20% 감소, 병영 만족도 14% 개선

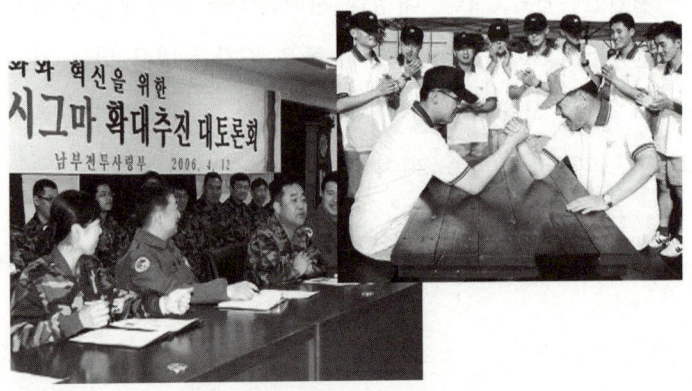

〈남부사 6시그마 확대 추진 및 병영 프로그램〉

공군본부는 6시그마의 유효성을 고려하여 2006년부터 공군대학에 6시그마 전문인력 양성과정을 설치 운영

2

새로운 경영 화두 6시그마

공군 교육사령관 이영하 장군은 "세상을 바꾸는 것은 사람이고, 사람을 바꾸는 것은 교육"이라는 말과 함께, 변화와 혁신의 근간은 교육이라는 믿음으로, 2006년 초반에 6시그마 활동의 씨앗을 혁신 불모의 땅에 뿌렸다. 미국의 경우이지만 사회 여러 조직의 변화와 개혁의 속도를 측정해 본 결과, 제일 속도가 느린 부서가 바로 법조계와 교육계로 나타났다.

그 만큼 교육 분야에 종사하고 있는 사람들의 혁신 마인드는 다른 분야보다 느리게 나타나는 것이 일반적인 현상이다.

교육사령부를 혁신 불모의 지역으로 좀 과하게 폄하한 면도 있지만, 교육사는 조직문화가 여유가 있고 지휘관을 중심으로 추진력을 발휘하는 측면에서 전투부대를 능가할 수 없었던 분위기를 유지하고 있었다. 그러나 성실과 집념을 바탕으로 미래에 대한 확실한 비전을 지니고 있던 이영하 사령관은 이미 남부전투사령관 시절 6시그마에 대한 긍정적 이해를 바탕으로 조직에 변화의 바람을 일으킨 바 있었고, 당시 동아일보(2005. 9. 22)를 통해서도 정부 부처에서 6시그마를 도입하여 시행하고 있는 몇 안 되는 공공기관들 중의 하나로 소개된 바 있었다.

사령관은 단계별 추진활동을 통해 40명의 챔피언과 100여 명의 6시그마 활동을 위한 GB(Green Belt) 등 전문가를 양성하는 동시에 프로젝트를 실제로 추진했다. 그 결과 국방부와 공군에서 추진하는 혁신 우수사례발표회에도 출전하는 등 좋은 결실을 맺었다.

사령부 혁신추진팀에서는 도입기(2006. 3~4), 확산기(2006. 4~12), 정착기(2007. 1 이후)로 구분하고 2개월이라는 짧은 도입기간 동안에 6시그마 전문기관(한국표준협회)과 교육관련 협의를

▌그림 2-5▌ 6시그마 프로젝트 사례집 (2006. 10) 공군최초의 사례집으로써 공군교육사 40명의 챔피언과 GB 100명의 열정적 활동결과의 산물이다.

실시하고 전문가 초청 특강, 현장 방문, 혁신 도서관 운영을 통해 6시그마 기본역량과 분위기 확산에 집중했다.

특히 주요 지휘관과 참모 40명을 교육에 동참시킴으로서 향후 프로젝트 수행에 적극적 지지자가 되도록 했다. 다음 단계인 확산기에는 KAI 등에 위탁교육을 보내고 사령부 예하 부대까지 6시그마 전문인력 양성의 기회를 확산했으며, GB 교육 수료자를 대상으로 시범과제를 훌륭히 수행한 전문인력에 대한 BB(Black Belt) 교육에 34명이 참가하는 등 믿을 수 없을 정도로 짧은 기간 안에 전문인력 양성과 33건의 1차 프로젝트를 추진하는 등 공군 혁신의 선봉 부대가 되었다.

2007년 1월부터는 6시그마 활동이 조직의 문화로서 정착이 되도록

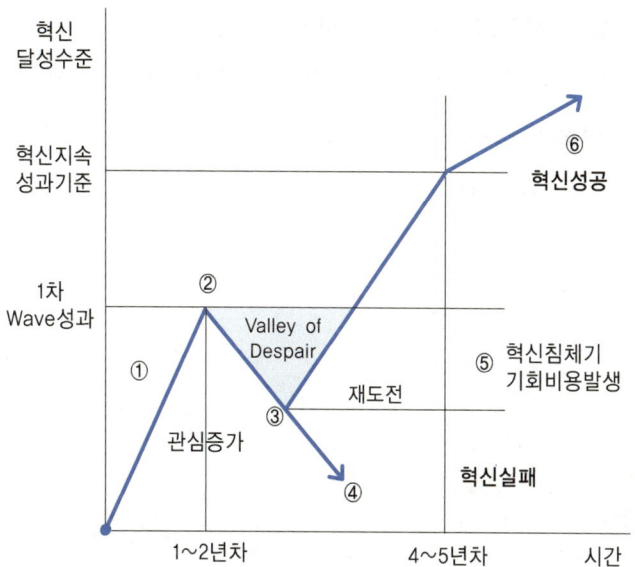

혁신
달성수준

혁신지속
성과기준

1차
Wave성과

① 관심증가

② Valley of Despair

③

④ 혁신실패

⑤ 혁신침체기
기회비용발생

재도전

⑥ 혁신성공

1~2년차   4~5년차   시간

▌그림 2-6▌ 6시그마 추진 Cycle 분석 6시그마 도입 후 1년이 지난
시점은 지휘관 교체, 또는 열정저하로 인한 위기의 시점이다.
출처 : 한국표준협회, 2007

박차를 가하였으나 곧 이어 지휘관이 교체됨으로써 추진 동력을 급격
히 상실하게 되는 위기에 처하게 되었다. 새로운 정책이나 개념이 조
직에 정착되기에는 1년은 너무도 짧은 시간이다. 6시그마가 지휘관의
적극적 관심이라는 온실 속에서 벗어나 거친 환경에서 자생력을 갖추
기에는 너무도 시기상조였다.

  6시그마 추진 주기를 분석한 자료를 보면, 초기 1~2년차에서는 급
격한 관심증가로 추진의 속도가 빠른 것처럼 나타난다. 이 기간을 1차
wave라 부른다. 1차 wave가 끝나면서 투자한 것에 비해 특별한 변화
가 없으므로 변화 저항자가 증가 하고 경영자의 관심조차 멀어지게
되어 급격한 침체기가 1~2년간 지속된다. 이때 침체기에서 벗어나고

자 추가투자를 실시하고 재도전을 하게 된다. 6시그마 도입 4~5년 지속 추진 시, 대부분 혁신 성공의 결과를 맞이하게 되지만 반대로 실패 시에는 변화와 혁신이 다시 시도되지 못할 만큼 변화 저항적 조직문화가 냉소적 울타리를 강화하게 된다.

3

다른 곳에서 피어난 6시그마 불꽃

공군본부에서 혁신 팀을 이끌며 공군의 BSC를 도입하였던 한○○ 장군은 2006년 말에 군수사령관으로 취임했다. 당시 상황은 F-16 항공기 부품조달과 정비문제로 항공기 사고가 발생하는 등 공군 내외부가 위기의식을 심각하게 느끼고 있는 시기였다. 사령관은 취임하면서 '6시그마를 통한 군수혁신'을 복무계획의 중점사항으로 제시했고, 곧 이어진 독립부대장 회의에서도 6시그마 적극 추진을 당부했다.

이미 공군의 교육사령부와 남부전투사령부에서 6시그마가 적용 되고 있는 중이었기 때문에 6시그마에 대한 기초적인 이해가 형성되어 있었으며 6시그마의 혁신 성과와 성공 가능성이 어느 정도 확인된 상태였다. 게다가 이미 사회적으로는 최신 혁신 경영기법인 6시그마 및 BSC도입이 확산 추세여서 군수사령부는 BSC제도를 적용한 성과관리체계를 도입하고 품질관리활동은 과학적 데이터 분석과 결과의 신뢰도 향상을 위하여 6시그마 기법을 접목하기로 방침을 세웠다.

사령관은 6시그마 기법을 적용한 '재무적 성과 개선'보다는 무엇보다 '일하는 방법 개선'으로 '군수업무 효율성 제고'라는 군수사 문화의 변화에 중점을 두었다. 또한 2004년 필자가 남부사에서 최초로 6시그마 도입을 추진할 때 인접한 위치에 있던 군수사의 품질분임조로 인해 어려움을 겪었는데, 품질분임조 활동과 6시그마 기법을 접목하여 각각의 장점을 살리는 현명한 혁신활동을 추진하였다. 자료에 의하면 기존의 분임조 활동과 6시그마 활동을 합치기 위해 사전에 설득을 위한 교육과 검토가 대단히 활발했음을 알 수 있다.

일하는 방법 개선이 우선이다

6시그마 전개 단계는 (그림 2-7)에서와 같이 1년을 단위로 준비/도입단계, 확산단계, 정착단계, 심화단계로 나누었다.

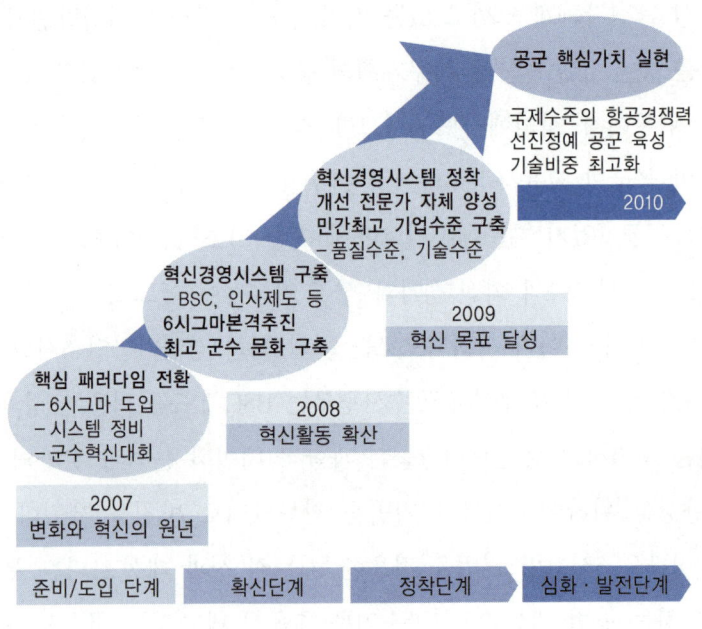

공군 핵심가치 실현

국제수준의 항공경쟁력
선진정예 공군 육성
기술비중 최고화

2010

혁신경영시스템 정착
개선 전문가 자체 양성
민간최고 기업수준 구축
– 품질수준, 기술수준

2009
혁신 목표 달성

혁신경영시스템 구축
– BSC, 인사제도 등
6시그마본격추진
최고 군수 문화 구축

2008
혁신활동 확산

핵심 패러다임 전환
– 6시그마 도입
– 시스템 정비
– 군수혁신대회

2007
변화와 혁신의 원년

| 준비/도입 단계 | 확신단계 | 정착단계 | 심화 · 발전단계 |

┃그림 2-7┃ 군수사령부 6시그마 전개단계

당면한 애로사항으로 6시그마 추진계획에 의해 전문인력 양성 5개년(2007~2011) 계획을 수립했으나, 소요 예산이 확보되지 못함에 따라 6시그마 기초교육은 공군대학, 경북대, 대구대 및 한국항공 등 유관기관 협조를 얻어 초기부터 힘든 출발을 하였다. 그러나 전문가 양성목표는 5개년에 걸쳐 GB 1000명, BB는 GB의 30%인 260명, MBB는 GB의 10%인 30명 수준으로 계획을 수립하고 사령부 내에 6시그마 정규과정을 추진하는 등 의욕적인 활동을 추진했다. 동시에 혁신마인드를 군수사 전체에 유도하기 위해 혁신 우수사례 발표와 연간 혁신실적 평가 및 보상(우수 개인 및 부대 표창) 계획을 수립하는 것을 잊지 않았다.

▌그림 2-8 ▌ 6시그마와 분임조 활동 통합 방안

방안	분임조 근간 시그마 방법론 통합	분임조팀+6시그마팀 운영	6시그마 전면 전환
형태	분임조 방법론 (PDCA) 장점 + 6시그마 방법론 (DMAIC) 장점 기법들만 활용	기존의 분임조 활동 유지 + 부분적 대상(핵심리더) 벨트 제도 운영	품질분임조 활동 ↓ 전사적 개선 활동의 6시그마 전면 전환
전제 조건	핵심리더 GB 및 BB 전문화 교육 이수	6시그마팀 GB 및 BB 전문화 교육 이수	전 분임조원 대상 GB 및 BB 교육 이수
장점	기존 분임조 활동에 6시그마를 유연하게 적용 가능	조직의 변화 최소화	현장조직원 전원 동참 시킴으로써 혁신활동의 방향성 및 조직적인 시너지 확보 가능
단점	활동을 위한 방법론에 치중함으로써 현장개선 목적 외곡	6시그마 장점을 현장 깊숙이 전파할 수 없어 전사적인 혁신활동 동참 불가	6시그마의 다양한 통계적 기법을 학습하고 이를 통한 현장개선에 대한 부담감으로 혁신활동 저해 요소로 작용 가능
적용 시기	도입기(2007년)	확산기(2008년)	정착기(2009년 이후)

혁신 지도부는 6시그마를 직접 추진하는 부서에서는 추진단을 운영하도록 하고 사령부 본부 및 품질분임조 미운영 부대는 6시그마 연구팀을 운영했다. 이러한 과정을 통해 사령관부터 말단부서까지 전 요원이 6시그마 운동에 참여하는 데 빈틈을 보이지 않으려 했다. 혁신문화의 실행을 강화하기 위해서는 중간관리자의 인식전환과 적극적인 참여가 필수적임을 놓치지 않고, Champion 교육을 두 차례에 걸쳐 (2007. 3~4) 모든 지휘관 참모를 대상으로 실시했다. 군수사의 6시그마 시행을 위한 사전 준비상태는 공군의 어느 부대보다 체계적으로 갖추어져 있었기 때문에 성공적인 미래가 예측되었는데, 여기에는 한 ○○ 사령관의 헌신적 리더십이 크게 작용했음은 물론이다.

6시그마 성공과 국방부의 관심

공군 군수사령부는 군(軍) 최초로 ISO 9001 국제인증시스템을 획득 (2007. 10) 했다. 전국 품질경연대회에서도 두 개 팀이 6시그마 부문에서 최우수상인 대통령상을 수상할 만큼 1년 미만의 기간을 통해 비약적인 발전 모습을 보였다. ISO 9001 인증 획득의 의미는 참으로 중요하다.

첫째, 군수사의 창 정비, 보급 및 수송 서비스에 대한 업무들이 국제품질경영기준에 부합됨을 증명한 것으로 대·내외의 신뢰도를 향상시켰다. 둘째, 조직이 지속적으로 변화할 수 있는 동기부여를 제공하고, 조직의 투명성과 업무효율을 높이는 계기가 되었다.

또한 경직된 군 조직의 업무 성향을 유연하게 바꾸어 능동적 업무를

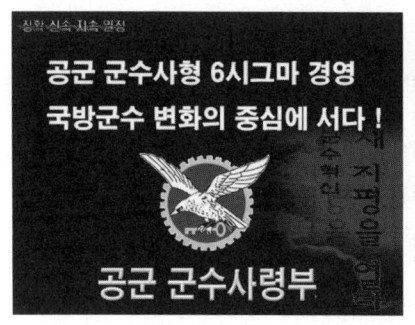

할 수 있는 토대를 마련하게 된 것에 큰 의미를 부여할 수 있다.

GE의 잭 웰치는 혁신성과와 관련하여 "단기성과를 내지 못하면서 장기성과를 기대할 수 없다. 단기적 관리를 할 수 있으면 장기적 관리도 할 수 있다."고 단기간의 가시적 성과의 중요성에 대해 이야기하였다. 군수사의 외형적 성과는 여기에 그치지 않는다.

국방부는 '국방개혁 2020'에 따라 저비용/고효율의 군수추진이 불가피하였다. 김장수 국방부 장관은 군수분야의 효율적 관리방안을 마련할 것을 2006년 1월에 지시했고, 체계적 혁신활동을 위한 국방부 전방위적 차원으로 통합되어 6시그마가 추진되는 것으로 2007년 11월에 결정되었다. 이 같은 결정과정에서 국방부는 공군 군수사를 2007년 8월에 방문하여 그 성과를 현장에서 확인 했다. 이는 혁신활동에 적극 참여한 군수사 전 구성원이 자부심을 가져도 좋을 만한 자랑스러운 성과가 아닐 수 없다.

"조직 내의 6시그마 성공요인을 말한다면, 25%는 기술적 능력, 75%는 지도부와 사원들이라고 할 수 있다."

라고 말한 어느 6시그마 전문가의 표현이 틀리지 않는다.

사령관은 6시그마 시작 단계인 2007년에는 군수사의 재무성과를 개선하겠다는 목표가 아닌 '일하는 방식의 개선'을 목표로 시작했다고 앞에서도 말한 바 있다. 그러나 불과 1년 만에 군수사는 2008년도 재무성과 목표를 총 77억으로 세우고 추진했다. 뿐만 아니라 이제는 대한항공, 삼성테크윈, 한국항공 등의 항공기 협력사와 공동프로젝트를 추진하고 있으며, 지역 공공기관의 혁신활동 지원과 대학과 연계하여 교육프로그램을 담당할 정도로 괄목한 성과를 보이고 있다.

제 3 장

6시그마 리더와 조직문화

피터 드러커 교수는 '혁신은 단순히 아이디어가 아니라 조직적인 활동이다'라고 표현하였다. 6시그마는 데이터와 통계를 활용한 과학적인 문제해결 기법이며 혁신적인 경영성과도 이를 바탕으로 가능한 것이다. 그러나 이러한 데이터 중심의 사고 못지않게 중요한 것은 조직문화의 획기적 변화이다.

1

'문화'는 강력한 소프트 파워

'문화'하면 머릿속에 떠오르는 것은 공연이나 영화, 세계 각 나라의 음식, 여행 등이며, 주제의 무게를 굳이 따진다면 정치나 경제의 주제 다음에나 위치하게 마련이다. 우리의 삶에서 '문화'는 필수 조건이 아닌 풍요와 여유를 위한 것들이라는 인식이 깔려 있다. 문화를 공연양식이나 재미있는 프로그램으로 여기는 것은 문화에 대한 좁은 해석을 나타낸다. 또한 필수적인 요건이 아니라는 인식도 마찬가지다.

문화는 인간에게 공기와 같은 존재이며, 문화가 있기 때문에 인간은 인간다움을 유지할 수 있다. 우리 일상의 모든 영역에 문화는 존재하지만 공기와 같은 성격을 지닌 까닭에 쉽게 드러나 보이지 않는다. 흔히, 보이지 않는 것은 그 중요성에도 불구하고 간과되는 경향이 있다. 문화도 매우 중요한 것이지만, 눈에 잘 보이지 않는 관계로 간과되기 쉽다. 인간은 문화를 만들어내기도 하지만, 이미 만들어진 문화에 강력한 영향을 받는다. 그러나 그 문화는 법이나 규율처럼 딱딱한 형태로 존재하는 것이 아니다. 사람들의 마음과 정신에 알게 모르게 스며든다. 그렇지만 그 힘은 강력하다. 이 때문에 우리는 문화의 힘을 '소프트 파워'라고 부른다.

조직문화와 성과의 상관관계

군 조직에서의 문화에 대한 인식과 역할은 일반 사회보다 훨씬 소외된 영역이었다. 하지만 조직을 이끌어 가는 데 있어서 문화가 갖는 힘은 엄청나다. 조지프 나이는 '소프트 파워'에서 "소프트 파워란 강제나 보상보다는 사람의 마음을 끄는 힘으로 원하는 것을 얻는 능력을 말한다. 이러한 파워는 한 나라의 문화와 그 나라가 추구하는 정치적 목표, 제반 정책 등의 매력에서 비롯된다."고 설명했다.

이것을 증명이라도 하듯, 사무엘 헌팅턴은 '군인과 국가(The Soldier and the State)'에서 한국의 발전이 문화를 통해 달성되었다고 주장했다. 그는 한국의 경제 성장을 보고 깜짝 놀랐다고 말했다. 1960년대의 가나와 한국의 경제상황이 1인당 GNP 수준 1차, 2차, 3차 산업의 구성 비율, 대외 경제원조에 의존하는 상황 등이 너무나 유사했지만, 30년이 지난 후 한국은 세계 10위권의 산업 강국으로 발전했고, 가나는 1인당 GNP가 한국의 1/15 수준에 머물렀기 때문이다. 그 차이를 만든 원인에 대해서 헌팅턴은 고민했다.

헌팅턴은 그 차이를 만든 것은 바로 문화이며, 한국인의 교육, 검약, 근면, 조직 기강, 투자, 극기정신 등을 중시하는 태도 때문이라고 확신했다. 이는 결국 한 사회의 흥망성쇠는 환경이나, 기후, 천연자원 등이 아닌 사회 구성원들의 의식구조, 가치지향, 공통가치 속에서 결정된다는 뜻이다. 이러한 현상은 국가의 경우에만 해당되는 것이 아니라 오히려 일반 조직에서 더 빈번히 발견될 수 있다.

조직의 외형적 구조가 구성원의 행동을 유도하는 공식적 시스템이라면, 조직문화는 조직 행동을 지배하는 비공식적 분위기라고 할 수

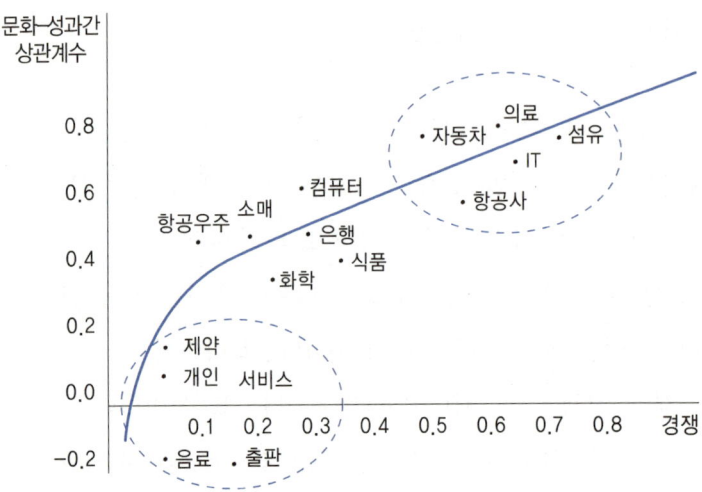

┃그림 3-1┃ 주: 경쟁도지수는 시장 집중도와 구매자 파워를 이용해 작성
(0~1 사이의 값을 가짐)   출처 : Burt, R, "Contingenl Organization as a
Network Theory : The Cultuer - Performance Contingent", Acta Sociologics,
Vol. 37, Issue 4, 1994.

있다. 이는 구성원들 사이의 대인관계, 업무수행 시 나타나게 되는
태도와 행동에 결정적인 영향을 미칠 수 있는 보이지 않는 규범이다.

사람으로 말하면 구조가 육체라면, 문화는 정신에 해당되어 조직문
화는 조직 구성원이 지니고 있는 내면화된 가치관, 사고방식, 행동양
식 모두 해당된다.

그렇다면 조직문화는 어떤 역할을 하기에 중요하게 강조되고 있는
것일까? 조직문화는 경영환경이 복잡하고 조직의 분화가 심할수록
경영의 무게중심 역할을 할 뿐만 아니라 전략선택, 위기극복, 임무
성과 향상 등 주요 의사결정의 성패를 좌우한다. 특히, 감성 등 소
프트요소가 중시되는 지식산업사회가 본격화되면서 차별화된 개성
과 이미지를 창출하는 조직문화의 중요성은 날로 확대되고 있다.

또한 조직문화는 기업의 성과와도 밀접한 상관관계를 가지는데, (그
림 3-1)에서와 같이 경쟁도가 높은 산업(섬유, 자동차, 항공사 등)의

조직문화와 성과 간의 상관관계는 매우 높게 나타나고 있다. 세계적 기업으로 부상하고 있는 미국의 구글(Google) 사의 조직문화 사례에서도 살펴볼 수 있다. 종업원의 특성과 가치관을 반영한 근무 분위기를 형성하여 매년 급격한 매출액 상승과 순이익을 올리고 있다. 우리가 조직문화에 관심을 기울여야 하는 이유는 위 사례에서 보듯이 좋은 조직문화가 결국 높은 성과를 달성하기 때문이다.

공군의 4대 핵심가치

문화란 쉽게 변화시키기 어려운 것이지만, 일단 정착된 좋은 문화는 성과를 높이며 시너지 효과가 크기 때문에 기업이나 조직에서는 전략적 자산으로서의 조직문화를 개발해 나가야 한다. 공군은 조직문화 개선을 위해 도전, 헌신, 전문성, 팀워크라는 4대 핵심가치(그림 3-2)를 2006년에 제도화하였으며 현재 행동화 단계에 있다. 공군의 핵심가치는 공군인으로서 최선이라 생각하는 윤리적 원칙 또는 공동가치 및 행동 판단의 기준을 말한다.

'도전'은 새로운 것을 이루기 위해 고난과 시련에 굴하지 않고 끊임없이 노력하는 자세이다. 산 모양은 최고를 향해 끊임없이 도전하는 모습이며, 화살표는 도전의 추진성을 나타낸다. 빨간색은 힘과 에너지를 상징하는 색으로 열정과 인내를 나타낸다.

'헌신'은 조국과 공군을 위해 자신의 생명까지도 아낌없이 바칠 수 있는 자세이다. 제 몸을 태워 주변을 밝히는 초 모양이며, 주황색은 희생정신과 신념을 나타낸다.

'전문성'은 맡은 분야에서 최고가 되기 위해 풍부한 지식, 경험, 기술을 바탕으로 업무를 수행하는 능력이다. 전문성을 갖추기 위해 공부하고 노력하는 의미를 책으로 표현하였고 파란색은 하늘을 상징한다.

'팀워크'는 공동의 목표를 달성하기 위하여 서로를 존중하고 각자의 역할을 다하며 협력하는 자세이다. 모두 함께 힘을 모은다는 의미를 강조하여 서로 마주 잡고 있는 사람을 상징한다. 노란색은 행복과 성공을 나타낸다.

공군 4대 핵심가치는 공군인의 소속감, 신뢰, 및 정체성을 강화하고, 공군의 핵심목표에 대한 방향을 설정하고 변화와 혁신의 근본적인 원동력을 제공할 것으로 기대하고 있다.

Challenge
도전, 우리의 정신이다
새로운 것을 이루기 위해 고난과 시련에 굴하지 않고 끊임없이 노력하는 자세

Commitment
헌신, 우리의 마음이다
조국과 공군을 위해 자신의 가장 중요한 생명까지 아낌없이 바칠 수 있는 자세

Professionalism
전문성, 우리의 자존심이다
맡은 분야에 최고가 되기 위해 풍부한 지식, 경험, 기술을 바탕으로 업무를 수행하는 능력

Teamwork
팀워크, 우리의 경쟁력이다
공군의 목표를 달성하기 위하여 서로를 존중하고 각자의 역할을 다하며 협력하는 자세

┃그림 3-2┃ 공군 4대 핵심가치

| 핵심가치가 영향을 주는 것들

✓ 결정내리기(Decision Making)

✓ 위험감수(Risk Taking)

✓ 목표설정(Good Setting)

✓ 갈등해소(Conflict Resolution)

✓ 문제해결(Problem Solving)

✓ 우선순위 결정(Priorities Determination)

✓ 역할규명(Roles Clarification)

✓ 팀워크 형성(Team Building)

✓ 재정운영(Finnatial Management)

✓ 자원활용(Resource Utiligation) 등

2

권력은 총구에서, 사기는 문화에서

군은 어느 조직보다도 생동감 넘치는 조직문화를 필요로 한다. 공유된 가치관과 신념은 장병들에게 자발적으로 군 조직에 몰입하게 함으로써 군의 역량을 강화시키고 목표의 신속한 달성을 가능하게 하는 것이다. 즉, 모든 장병이 공유된 가치관과 공감대를 형성함으로써 일체감이 생기고 전쟁에서 필승할 수 있는 역량을 강화시킨다. 그것이 군 조직문화의 강점이다.

양지(陽地)를 향해가는 군 문화

그럼에도 불구하고, 잊을 만하면 세상을 놀라게 하는 군(軍) 내의 사고들이 뉴스를 장식할 때면 항상 문제들이 실타래처럼 엮여서 노출되곤 한다. 내무반 총기사고, 비행사고, 군기 사고, 병영 내 악습 등.

항상 그러하듯이 사고 조사단과 사후 대책반은 바빠지고 대책들을 쏟아낸다. 하지만 다시금 사건 사고는 일어나고 대책들이 반복된다. 이른바 '소 잃고 외양간 고치기'가 되풀이된다. 사고의 원인들이 발표되고 나면 많은 사람들이 느끼길 '이해할 만하다'라기보다는 '어떻게

그런 문제가 방치될 수 있는가?', '지금이 어느 시대인데 아직까지도'
라는 부정적 시각이 다수이고 항상 지휘관 문책이 뒤따르며, 군 전체
의 사기를 저하시키곤 한다.

　과거의 군 문화는 병사들의 사기를 높여 주고, 스트레스를 일시적으
로 해소할 수 있는 수준의 각종 진중 활동을 제한적 의미에서부터 시
작하였다. 최근에는 신세대 특성을 고려한 부대관리나 구타나 가혹행
위 등 병영 내의 악습을 없애고, 선진적인 병영문화를 만들어 나가는
의미로 발전하고 있다. 그러나 군 문화는 조직문화의 강력한 힘을 내
재하고 있기 때문에 문화가 갖는 중요성을 이전과는 차원이 다른 개념
으로 인식하는 것이 필요하다.

　과거에는 문제가 발생할 때마다 제도나 규정을 정비하는 등 해결책
이 제시되었지만, 많은 대책들이 근본적인 해결책을 제시해 주지 못하
여 유사한 문제들이 반복되곤 하였다. 군 기강문제에 관해서 최근의
사례를 보면, '1995 군기강 확립', '1999 신병영 문화 창달', '2001 성
범죄 방지 대책', '2003 사고종합대책' 등 유사한 대책이 수립되었지
만, 근본적 문제해결이 되지 못했다. 왜 이렇게 된 것일까?

　그 이유는 조직 내에 오랜 세월을 두고 형성되어 있는 비공식적이고
암묵적인 합의사항 등 가려지고 숨겨진 음성적 문화가 조직원을 떠받
들고 있기 때문이었다. 따라서 새로운 정책이나 제도를 도입하기 위해
서는 이면에 은폐된 그들의 문화를 이해하고, 잘 분석하여 개선시키려
는 노력이 선행되어야 한다.

　프랑스식 국방 개혁의 방법과 절차를 벤치마킹 한다든가 정부 차원
의 혁신 노력에 부응하기 위해서도 개혁의 시작과 완성은 '문화'에서
좌우됨을 알아야 한다. 개혁의 장애요인을 식별하는 일이나 공감대를

형성하는 일 등은 개혁을 위해 반드시 선행되어야 할 사항들이다. 즉, 개개인이 개혁의 필요성을 받아들이고, 온몸으로 느낄 때 진정한 개혁이 가능하다.

특히, 한국 국방연구원의 독고순 박사는 이렇게 말한 바 있다. "이제는 군 내부의 모습과 목소리를 밖으로 드러내어 군의 생각과 실상을 정확히 알리고 군과 사회의 정상적 관계의 회복이 필요할 때가 되었다. 과거의 잘못된 군 정치개입 대가로 어떤 일에도 함구하며 묵묵히 자기 임무만 수행할 것을 암묵적으로 강요받아왔다. 하지만 이제는 군사 전문가 집단으로서 국방과 안보의 문제를 토론하고, 직업인으로서 직업의 조건과 삶의 질을 개선하기 위해서 등 군 내부의 문제해결과 성장 동력의 해답을 얻는 과정에서 요구되는 외부와의 자연스런 의사소통이 가능하도록 하는 것들이 정상적인 군 문화라고 할 수 있다."

그는 비밀주의에 가려 사회와 대외적으로 단절되었던 관계를 정상화하는 것이 군 문화가 가야할 방향이라고 주장했던 것이다.

우리 조직 바로 알기

최근(2009. 4) 공군에서 한국 갤럽(Gallup) 조사 연구소에 의뢰하여 공군 조직에 대한 내부 구성원들의 인식과 조직문화 유형을 진단한 것은 그 자체로써 군 문화의 변화로 볼 수 있다. 공군은 장병과 군가족 약 2,000여 명을 대상으로 한 조사에서 공군 조직 구성원 간의 업무 협력과 커뮤니케이션 활성화 정도, 그리고 내부 역량 향상에 필요한 가치를 어떻게 제고 할 것인가에 대한 현상 진단을 하였다.

조사 결과는 매우 흥미롭게 나타났다. 공군 조직의 특성은 집단지향적 이기보다는 성과를 지향하며, 혁신지향적 이기보다는 대단히 위계지향적인 것으로 나타나는데 이는 기업조직의 특성과 관료조직의 특성이 동시에 내재된 복합 형태이다. 이러한 조직에서는 목표달성의 의지가 대단히 높고 경쟁심이 일반화된 기업조직의 특성이 많이 나난 것이 특징이며 반면에 혁신 지향성이 낮다. 구성원들이 원하고 있는 조직 분위기 역시 지나친 성과와 경쟁을 지양하고 보다 가족적이며 인간적이고 현재의 조직문화의 틀을 넘어선 혁신지향의 문화를 바라는 것으로 나타나고 있다. 또한 이상적인 지휘관의 형태도 통제와 질서, 성과를 지향하기보다는 단합을 중시하고 인간미 있는 리더를 원하고 있다.

조직 내 의사소통 분위기는 필자가 예측했던 것과 다르지 않다. '상사에게 반대 의견 제시가 어렵다'라는 설문에 대하여 75.8% ― 가끔 그렇다(48%), 자주 그렇다(23%) ― 가 동의했으며, 문제해결과 의사결정 과정에서도 민주형, 즉 회의를 통해 문제가 제기되고 합의점이 모색되기를 바라고 있으나 여전히 리더 혼자서 의사결정을 해버리는 전제형과 설득형의 리더가 30% 정도인 것으로 나타나고 있어 개선의 여지가 많은 것으로 나타나고 있다.

공군 4대 핵심가치에 대해 어느 가치가 더욱 중요한가를 묻는 항목에서는 계층별로 다르게 결과가 도출되었다. 영관장교와 준사관, 부사관, 군무원들은 팀워크를 가장 중요시하였고, 장군과 위관급은 전문성을 높게 평가하였다. 이는 직접 부하들을 지휘하거나 구성원이 집단으로 형성되어 있는 조직에서는 팀워크를, 부하 관리보다는 직접 업무를 수행하는 것에 많은 시간을 써야 하는 위관급과 조직 성과에 대외적 책임을 지고 있는 장군의 경우 전문성을 강조한 것으로 보인다. 이러한 계층 간의 차이는 조직의 리더가 부하들을 이끌 때, 리더 자신이 느끼는 방향이나 좋아하는 방법을 사용해서는 결과가 좋게 나올 수 없다는 것을 의미하고 있다. 또한, 공군 조직은 간부의 비율이 높다는 점을 고려해 볼 때, 팀워크를 강화하기 위한 인간적인 느낌이 가득한 지휘, 성과를 높이기 위해 강요하기 보다는 혁신적인 방법으로 공군 구성원으로서 자부심을 느낄 수 있는 '가슴으로 움직이는 조직', '살맛나는 조직'을 갈망하고 있다는 점을 놓치지 말아야 할 것이다. 예를 들어, 한국의 가장 강력한 조직문화로 대변되는 해병대 전우회, 고대 동문회, 호남 향우회에서는 그들만의 독특한 문화, 타 출신들이 공유하기 힘든 그 무엇이 있기 때문이다. 공군 구성원들도 마음으로는 공군으로서 소속감과 연대감을 느끼고 싶은 그 무엇이 분명히 있다. 공군의 최고 리더 그룹에서 그것을 만들어 낸다면 군의 사기가 바로 충전될 것으로 믿는다.

핵심가치를 생활화하기 위한 그간의 노력에도 불구하고 장병들의 주 관심대상에서 멀어져 있으며, 그 추진효과는 크지 않다. 공군의 메이저 그룹 집단인 조종사들과 사령부급 이상에서도 핵심가치 추진 효과에 대해서도 낮게 평가하고 있어 현재 운영되고 있는 시행계획의 효율성을 재검토해야 할 시점이 되었다고 본다. 이 단계에서 다시 한 번 '실행'의 중요성을 강조하고 싶다.

3

좋은 문화, 일류 조직

기업이나 조직에서 끊임없이 강조하고 있는 것 중의 하나가 혁신의 추구이다. 하지만 정작혁신을 성공시킨 기업보다 실패한 기업이나 조직이 더 많고 지금 이 순간에도 외부환경의 변화와 도전을 이기지 못하고 사라져 가는 기업과 개인들이 많다.

"가장 흔한 실패의 원인은 구성원이 마음을 다해 참여하지 않거나 조직의 역량이 부족하기 때문이다."

일단 표현은 쉽게 했지만, 바로 다음 질문이 기다리고 있다.

"혁신에 참여하고 있는 구성원은 누구이며, 왜 구성원이 마음을 다해 참여하지 못하는가?"

"조직의 역량을 구성하는 요소는 무엇이고, 왜 부족하게 되도록 방치되었는가?"

이런 점을 살펴보아야 할 것이다.

실패하는 조직

흔히 이렇게 질문을 던지는 경향이 있다.

"구성원의 문제와 조직의 역량 부족이 각각 다른 원인을 갖고 있는가?"

사실 둘은 서로가 불가분의 관계로, 분리될 수 없다. 다시 말하면 조직의 역량이라는 것도 개인의 역량을 최대화하기 위해 요구되는 조직문화, 교육, 보상 시스템 등으로 구성원이 각자의 위치에서 업무를 수행하면서 해결해야 할 부분이므로, 결국은 최고 경영자를 포함한 계층별로 구분되는 각자의 문제, 즉 개개인의 문제로 귀결될 수밖에 없다.

이에 대해 세계 최대의 운송 서비스 업체로 창조경영을 통해 새롭게 부상하고 있는 페덱스 사의 마단 비를라(Madan Birla)가 지난 수십 년 간 기업 현장에서의 직접적인 경험을 토대로 정리한 내용이 상당한 공감을 불러일으킨다. 비를라는 기업의 시스템 구축과 운영 분야의 전문가로서 페덱스 임직원들을 대상으로 다양한 교육훈련 프로그램을 개발하여 시행한 경험을 통해 조직문화의 형성을 위해 조언하고 있다. 그가 조직의 분위기를 파악하기 위해 던진

"혁신에 대하여 불안해하게 되는 이유가 무엇입니까?"

"당신의 창의성을 계발하고 잠재력을 발휘하는 일을 가로막는 주요한 요인이 무엇이라고 생각하십니까?"

"기업 조직 내 혁신적인 사고방식을 유도하기 위해서는 어떤 환경을 조성해야 한다고 생각하십니까?"

라는 질문에 대하여 경영자들의 사고방식과 태도, 기업의 업무 방식이 조직
문화 형성에 가장 중요한 요인으로 모아졌다.

그 밖에 다음과 같은 요인들이 조직문화에 영향을 끼치는 것으로
조사되었다.

- 업무를 수행하는 새로운 방식을 배척
- 관료주의의 성향이 강해 의사결정이 느림
- 경영진에서 의미 있는 목표나 방향을 제시하지 못함
- 중요한 안건에 대해 깊이 있는 의견을 나눌 수 있을 정도의 전문지식이
  없음
- 직원들의 의견에 귀를 닫아두고 있는 경영자들
- 튀는 인재를 수용하지 못하는 조직문화
- 지나친 간섭, 때로는 우유부단한 경영진
- 부서 간의 알력
- 실패에 대한 두려움

그는 기업 내에서 혁신을 위한 조직문화가 형성되지 못하고 결국
실패하게 되는 주요 원인을 다음의 몇 가지로 정리했다. 혁신에 실패
한 대부분의 조직에 공통적으로 해당되는 사항들이므로 반드시 참고
해야 할 것이다.

■ 혁신을 가로막는 주요원인 1 : 경영진의 리더십과 업무방식

기업 경영자들의 대부분은 자신이 어떻게 해야 직원들의 창의성과
잠재력을 최대한 이끌어 낼 수 있는지 그 방법을 알고 있다. 다만,
문제는 자신이 알고 있는 것을 경영 현장에서 실행으로 옮기지 못한다

는 점이다.

왜 그럴까? 진정한 리더십이란 머리(좌뇌)가 아닌 가슴(우뇌)에서 나온다는 것을 간과하기 쉽기 때문이다. 심리학자들의 연구 결과에 따르면 우뇌는 감성과 창의적인 능력을 담당하기 때문에 사람들을 인간적으로 이끌고 동기를 부여하는 능력은 우뇌 영역이다. 좌뇌는 조직을 관리하고 통제하는 능력을 발휘하도록 하는 영역이다. 대부분의 리더들이 임무달성을 위해 자신에게 부여된 공식적인 직책에 따른 권한을 행사하는 것이 좌뇌의 영역이다. (그림 3-3)에서처럼 경영자들이 권위와 규정만으로는 직원들의 능력을 60~65%가량 이끌어 낼 수 있을 뿐 나머지 40%의 능력을 이끌어 내는 것이 리더십이다. 경영진 내에서도 점차 직급이 올라갈수록 리더십 측면의 역량이 더욱 중요한 의미를 가지며, 부하들의 창의성과 헌신을 이끌어 내는 것은 이성적인 관리 능력이 아닌 감성의 리더십에서 발휘되는 것임을 알아야 한다.

오로지 조직의 목표만을 생각하고 항상 이성적으로 관리하고 통제하는 것은 기업이나 조직운영을 효과적으로 이끌지 못한다. 흔히 이러한 점을 알고 있음에도 불구하고 여전히 이성적인 판단에서 나온 많은 조치들이 우리가 원하는 방향으로 갈 것이라는 착각에서 벗어나지 못하고 만다.

해리 레빈슨(Harry Levinson)은 만프레드 켓츠 드브리가 쓴 '기업 경쟁자들 사이의 경쟁에 관한보고서(Life and Death in the Executive Fast Line)'라는 책에 대한 리뷰에서 "대부분의 기업 경영자들은 기업 조직에 여전히 강력한 영향력을 발휘하는 비논리적인 감정/분노, 공포, 불안, 질투, 욕망 같은 감정을 이해하고 그것을 적절한 방식으로 대하는 법을 거의 모르고 있다."라고 주장했다. 사실 이러한 영역은

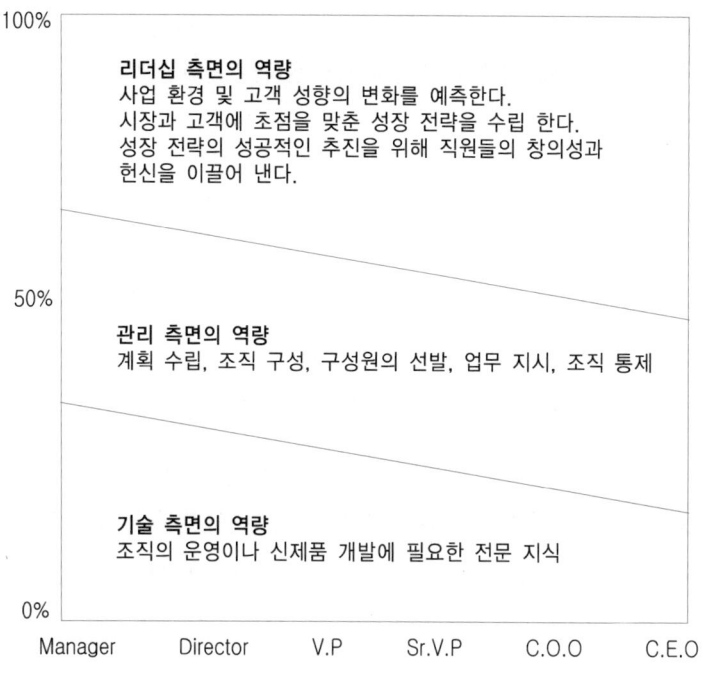

100%

리더십 측면의 역량
사업 환경 및 고객 성향의 변화를 예측한다.
시장과 고객에 초점을 맞춘 성장 전략을 수립 한다.
성장 전략의 성공적인 추진을 위해 직원들의 창의성과
헌신을 이끌어 낸다.

50%

관리 측면의 역량
계획 수립, 조직 구성, 구성원의 선발, 업무 지시, 조직 통제

기술 측면의 역량
조직의 운영이나 신제품 개발에 필요한 전문 지식

0%

Manager   Director   V.P   Sr.V.P   C.O.O   C.E.O

▌그림 3-3▌ 리더가 갖추고 있어야 할 세 가지 측면의 역할
출처 : 「페덱스 방식」, 87쪽. 제임스 크리빈(James Cribin)의 재인용

문화의 영역과 밀접하게 연결되어 있다. 그런데 필자는 그것이 일상을
통해 훈련이 되어 있지 못하기 때문이라고 생각한다. 리더십은 필요할
때만 순간적으로 발휘되는 것이 아니라 일련의 연속된 활동이며 생각
은 있더라도 습관이 배어 있지 않으면 일관성을 유지하기 어렵기 때문
이다.
부하직원들은 다음과 같은 느낌을 갖게 될 때 자신을 위한 조직에
헌신하려는 마음을 지니게 되며 진정한 자신의 능력을 발휘하게 된다.

· 내가 속한 조직은 앞으로 크게 발전할 것이며 자랑스럽게 생각된다.
· 나는 내가 속한 조직에서 긍정적인 변화에 기여하고 있다.

- 우리 조직의 리더는 나를 인간적으로 대우해 준다.
  - ✓ 리더가 나의 사생활에 대해서도 관심을 가져준다.
  - ✓ 리더는 나의 성장을 적극적으로 돕고 있다.
  - ✓ 리더는 나의 의견에 귀 기울여 주고 있다.
  - ✓ 리더는 나의 성과와 능력을 인정하고 있다.

리더가 바쁘다는 이유로, 또는 경제적 이유로 부하들의 동기부여를 유발하는 활동을 소홀히 하면서 조직의 목표관리 등 지극히 직무적인 것에 대부분의 시간을 할애하게 되면 부하들이 일과 자신들의 조직에 대해 어떤 느낌을 갖고 있는 지를 파악하기 힘들다. 부하들의 일상적 느낌을 파악하지 못하는 순간 혁신은 실패로 연결된다. 따라서 부하직원들이 자신들의 일과 조직과 리더에 대해 어떤 느낌을 가지고 있는지를 파악하는 것은 리더에게 그 어떤 임무보다도 중요한 일이다.

■ 혁신을 가로막는 주요원인 2 : 혁신의 중요성은 인정하지만 나와는 상관없다는 인식

지금처럼 모든 것이 급변하고 있는 환경에서 조직의 혁신이나 변화가 필요한가를 질문 받게 되면, 대다수의 사람들은 혁신의 필요성에 대해 인정하게 된다. 그러나 혁신의 대상이 바로 자신이며 혁신의 주체가 내가 되어야 한다고 할 때는 슬그머니 부정적인 태도로 변해버리고 만다. "현상유지를 잘하는 것으로도 지금까지 잘해왔고, 그것만으로도 바쁘기 때문에 혁신이 지금 반드시 필요한 것이 아니다"라는 경영진(최고 경영자는 혁신을 추구하는 반면)들의 태도는 조직 전체로 쉽게 전파되고, 대부분의 부하직원들은 이에 동조하게 된다.

우리는 혁신이라는 거창한 말을 사용하기 보다는 변화 또는 개선이라는 말을 좀 더 쉽게 받아들일 수 있다. 변화와 개선은 자신이 참여하거나 하지 않거나, 그리고 집중적인 노력을 기울이거나 그러할 필요가 없든 간에 자신의 책임이라는 부담을 느낄 필요가 없기 때문이다. 이것은 무엇을 의미하는가?

이는 조직의 혁신이 개인의 생존과 직접 연결되어 있다는 점을 명확하게 설명해 주어 인식시키는 데 실패한 것을 말한다. 자신의 생존과는 무관하다고 여기는 태도는 실패를 낳는 데 중요하게 작용할 수 있다.

기업이나 조직 외부 환경의 변화를 설명할 때, 흔히 간과되는 것이 변화의 속도이다. 개인이 변화의 속도를 느끼지 못할 때, 조직 속에 안주하면서 변화 동참의 대열에서 이탈되는 것이다. 이러한 문제를 해결하기 위해 도요타에서는 모든 교육과 컨설팅이 중간관리자에 대하여 집중되고 있고, 중간관리자에 의한 혁신이 수행됨으로써 성공적이고 지속적인 혁신이 이루어지고 있다. 중간관리자들은 혁신이 자신의 생존과 밀접하게 관련 있는 것이라는 인식을 갖게 되면, 상위자들이 혁신을 추진하는 것보다 하위 부서까지 폭넓게 혁신의 효과를 바라볼 수 있게 된다.

조직이나 기업의 리더들이 지나치게 내부의 일에만 관심을 갖게 될 때에도 미래에 대한 고민과 변화에 둔감하게 된다. 주로 오랫동안 지배자로서의 위치를 차지하고, 관료주의적인 조직문화가 깊게 뿌리내리고 있는 곳에서 이와 같은 일이 벌어지곤 한다. 전 HP의 최고경영자였던 칼리 피오리나(Carly Fiorina)는 회사가 경영위기에 처했을 때 다음과 같이 말했다.

"우리의 문제는 HP를 위대한 기업으로 만들었던 위대한 자산을 잃어버렸다는 사실이 아닙니다. 우리에게 진정한 문제는 우리가 지나치게 기업 내부의 일에만 관심의 초점을 집중하고 있다는 사실입니다. 우리는 지금 과거의 영광을 자랑하는 일에 바빠서 우리의 미래에 대하여는 더 이상 고민하지 않습니다."

외부의 환경 변화에 맞추어 혁신을 추구하는 것이 중요한 일인데도 그것이 우리와는 별 상관없는 일이라고 생각할수록 내부 혁신조차 이루어 지지 않을 것이다. 결국 내부의 혁신과 외부의 혁신은 분리되어 있는 것이 아니다. 과거에 이루어놓은 성과에 집착하면서 혁신의 타이밍을 놓치는 행태는 결국 조직 전체를 위험하게 만들어 놓게 된다.

- ■ 혁신을 가로막는 주요원인 3 : 쉽게 이해하고 받아들일 수 있는 조직문화의 부재

최고 경영자들이라면 혁신을 성공으로 이끌고 지속시키는 데 조직문화가 얼마나 중요한지 잘 알고 있어야 한다. 그리고 이 조직문화를 선도하고 방향을 결정지으며, 직원들이 관심을 보이도록 만드는 것 역시 최고 경영자의 책임이다.

그러나 중요성을 잘 알고 있는 것과 조직문화를 잘 형성하고 발전시켜 나갈 수 있도록 실행 가능한 상태로 구체화하는 것과는 다르다. 실행으로 옮기는 것 역시 리더의 몫인데, 대개 그렇게 생각하지 않는 경향도 있다. 즉, 대부분의 경우 리더는 지침 또는 전략, 계획 수립에만 관여하고 실천으로 옮기는 것은 실무자의 것으로 구분하는 우(愚)를 범하고 만다. 이러한 점은 혁신이 실패하게 되는 근본 이유 가운데

하나가 된다.

그런데 여기에서 한 가지 질문을 던질 필요성이 제기된다. 왜냐하면 지금까지 필자가 구성원들이 변화와 혁신에 대해서 부정적인 반응을 보이는 존재로만 기술한 측면이 있기 때문이다. 과연, 대부분의 사람들은 스스로 변화하기를 거부하는 'X' 이론적 경향성을 지녔는가? 아니면 모든 인간은 자아를 실현하고 싶어 하고 자신이 남과 다르다는 독특한 능력을 인정받고자 하는 긍정적 'Y' 이론의 소유자인가?

이에 대한 답은 단순히 개인적인 차원에서만 고민할 것이 아니라는 것이다. 이 문제에 대한 답은 조직문화가 혁신을 수용하는 문화인지 아닌지에 따라 다르게 나타날 수밖에 없다. 사람은 매슬로의 '인간욕구 5단계 분석'처럼 우선 안전하고 싶어 하고, 인정받고 싶어 하고, 또한 숭고한 자아실현을 이루고자 하는 단계별 욕구를 갖고 있기 때문에 그 개인이 놓여 있는 상황에 따라서 능력을 발휘할 수 있는가 아니면 변화와 혁신이라는데 동참하기를 거부하게 되는가의 여부에 따라 달라질 것이다.

리더가 과감한 혁신 프로젝트를 발표하고 나서 부하직원들에게 일임하거나 모습을 드러내어 보이지 않으면 관심 영역에서 곧 멀어진다. 최고 경영자의 지시와 관심 그리고 지원이 없는 상태에서는 할 일이 태산 같다고 생각하는 부하직원들에게 혁신 프로그램은 부담만 지우는 결과가 되어 이리저리 찬밥 신세가 되어버릴 뿐이다. 일부 중간관리자들은 가만히 1년 정도 상황을 관망하다 보면 예전에 그랬던 것처럼 이번에도 흐지부지 귀찮은 일은 끝나게 될 것이라는 안일주의에 젖게 마련이다. 실제 경험적으로 많은 기업에서 새로운 프로그램이나 제도가 정착되기 위해서는 최소 1년 반이 소요되는 것으로 나타났다.

인간관계와 패러다임의 전환

아인슈타인은 "우리가 직면한 중대한 문제들은 문제가 발생된 그 당시에 갖고 있던 사고방식을 가지고는 해결할 수 없다"고 말한 바 있다. 우리가 어떤 심각한 문제를 해결하기 위해서는 좀 더 깊고 새로운 차원의 사고방식이 필요하다. '패러다임의 전환'이란 용어는 토마스 쿤의 "과학혁명의 구조"에서 처음으로 소개되었다. '패러다임'이란 원래 과학용어였으나 보다 일반적인 의미로는 우리가 '세상을 보는 방식'을 말한다. 다시 말하면 우리가 세상을 볼 때 시각적인 감각에서가 아니라, 지각하고, 이해하고, 해석하는 관점에서 이 세상을 보는 것을 말한다.

자신의 주변 환경에 얽어매어진 기존의 패러다임이 가지고 오는 결과는 사람들로 하여금 불행히도 자기 자신은 희생당하고 있다고 느끼거나 또 무능하다고도 느끼게 만든다. 나아가 이들은 다른 사람들의 약점에 초점을 둘 뿐만 아니라 자신을 둘러싼 주위환경이 자신의 현 상태에 책임이 있다고 생각한다. 대부분의 사람들은 주변상황에 의해 강력한 영향을 받고 있기 때문에 자신의 "내면에서부터 시작하라"는 발상은 대부분의 사람들에게는 극적인 패러다임 전환이다. 우리가 사물을 볼 때나 사건을 접근할 때 있는 그대로를 본다고 생각하는 경향이 있다. 즉, 우리 자신이 객관적이라고 생각한다. 그러나 사실은 그렇지 못하다. 사실은 우리 자신, 우리의 지각, 우리의 패러다임을 통해 영향 받고 조절된(때로는 왜곡된) 자기 자신의 주관적 입장에서 보고 있는 것이다.

따라서 이 같은 사실을 인식하고 개발하여 가장 심각한 문제를 해결하는 데 활용하기 위해서는 과거와 다르게 생각할 필요가 있고, 이를 바탕으로 행동에 옮기는 다른 차원의 패러다임 전환이 요구된다.

새로운 차원의 사고방식은 사회적으로 안정된 원칙에 중심을 두고 스스로의 내면에서부터 패러다임 전환이 요구된다. 내면에서부터 시작한다는 것은 자기 자신에 대한 '개인의 승리'가 다른 사람과의 관계인 "대인관계의 승리"보다 선행돼야 한다는 것이다. 따라서 다른 사람들과의 약속을 지키는 것에 앞서 자기 자신에 대해 약속을 하고 그 약속을 지켜야 한다. 즉, 자신을 개선하기 이전에 다른 사람과의 관계를 개선하려는 것은 결국 쓸데없는 일이라는 것이다.

내가 진정으로 어떤 상황이 개선되기를 원한다면 나 자신에게 초점을 맞춰서 노력해야 한다. 즉, 대인관계의 개선을 위한 노력보다는 먼저 자기 자신에 대해 약속을 하고 이것을 지키는 일과, 스스로 목표를 설정하고 이를 달성하기 위해 노력하는 것이다. 문제는 대부분 자기 자신으로부터 기인되는 것이며, 해결 또한 자신의 책임이기 때문이다, "내 탓이요"를 스스로 인정하기에는 적지 않은 용기가 필요하지만 패러다임의 전환이 중요한 시기이다.

(이 글은 필자가 공군지에 1992년도에 기고한 글임)

혁신으로 성공한 도요타의 경우 경영철학이 인간의 근본적인 본성에 대한 긍정적인 이해를 바탕으로 잘 설정되어 있고, 최고 경영자를 포함한 전 직원이 이를 공감하고 있다. 그리고 혁신을 위한 아이디어를 제안하고 의견을 나누는 것이 직원들의 일상적인 업무로 되어 있도록 하는 등 일에 대한 개념이 일반 기업과 다르다.

6시그마와 같은 대규모 프로그램을 적용시키기 위해서는 전 조직원이 기꺼이 새로운 것을 배우고 헌신의 미덕을 알며 경계를 넘어 협력하며 경험을 공유하려는 기업문화가 필요하다. 아직 팀워크와 책임감이 부족하고 배우려는 자세가 되어 있지 않다면, 좀 더 쉬운 프로그램이나 기존의 문화에 어울리는 프로그램을 성공시킨 후에 어려운 프로그램으로 발전시키는 것이 요구된다.

조직문화 형성의 장애요인

조직은 변화를 추구하면서도 동시에 안정을 바란다. 때로는 오히려 조직이 환경에게 변화를 요구하기도 한다. 조직구성원은 조직구조에 변화가 온다면 기존에 형성된 인간관계, 업무형태 등이 무너지게 되고 변화를 위한 추가적인 노력도 필요하게 되어 전보다 좋지 않은 성과를 나타낼지도 모른다는 불안감을 갖기도 한다.

따라서 조직에는 항상 변화를 강요하는 요소들(변화세력)이 있는 반면, 이에 저항하거나 전통을 고수하려는 요소들(저항세력)도 존재하는데, 쿠르드 레빈(C. Lewin)은 그의 세력장이론(Force Field Theory)에서 "두 세력의 크기가 균형을 이루고 있을 때에는 조직은 관성의

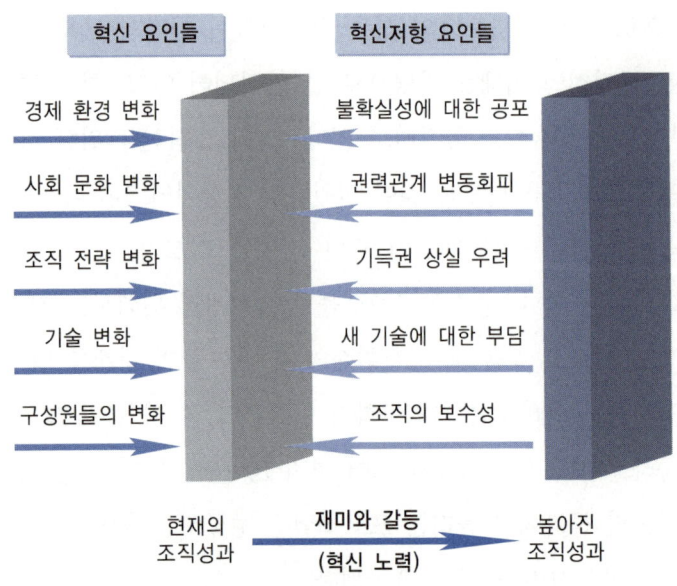

혁신 요인들	혁신저항 요인들
경제 환경 변화	불확실성에 대한 공포
사회 문화 변화	권력관계 변동회피
조직 전략 변화	기득권 상실 우려
기술 변화	새 기술에 대한 부담
구성원들의 변화	조직의 보수성

현재의
조직성과

재미와 갈등
(혁신 노력)

높아진
조직성과

상태를 이루어 어떤 변화도 일어나지 않는다."라고 했다.

그러므로 조직의 변화를 위해서는 변화세력을 증대시키든지 저항세력을 감소시키든지 혹은 둘이 동시에 일어나도록 해야 한다. 즉, 조직혁신을 위한 기싸움에서 기대수준으로 변화시키려면 관리자는 변화세력을 추가시키든지 저항세력을 감소시키든지 하여 기대수준으로 옮길 수 있을 것이다.

이러한 변화의 장애요인을 구체적으로 살펴보면 다음과 같다.

첫째, 안정적, 소극적 조직의 문화

조직의 비공식적 구조인 문화가 안정적이거나 소극적 분위기이면 변화전략이 침투되기 어렵다. 안정적·보수적 분위기 속에서 변화를 시도하려면 저항이 매우 클 것이다.

둘째, 견고한 조직의 구조

완전하게 자리를 잡은 조직구조는 이미 개인과 팀에게 안정적 행동을 제시하게 된다. 그런데 새로운 행동양식을 요구하게 되므로 변화에 장애가 될 수 있다.

셋째, 자원의 한계

변화에는 시간과 자본, 그리고 숙달된 사람들이 필요하다. 이것이 부족하면 조직은 강하게 변화를 추진할 수 없다.

넷째, 부서 간의 공조

변화가 어떤 부서에는 긍정적 결과를 다른 팀에게는 악영향을 줄 수 있는데, 예를 들면 한 부서의 인원감축으로 타부서에 증원을 하는 경우를 들 수 있다.

이러한 장애요인은 변화의 시점으로 볼 때 초기에 특히 많이 발생한다. 따라서 변환단계의 초반부터 위의 장애요인을 수시로 분석하고, 이를 극복하기 위한 방안을 강구해야 한다.

초기에 변화저항 세력에게 밀리게 되면 변화의 기대수준을 결코 달성할 수 없고 변화에 대한 불신을 초래하여 향후의 변화와 혁신을 기대하기 어려워진다.

참여하는 조직문화

커뮤니케이션이 잘 이루어지지 않거나 잘못되어 발생되는 변화에 대한 잘못된 이해는 저항을 오히려 불러일으키기 때문에 사전에 변화의 필연성, 변화 방법, 그리고 예상되는 결과에 대한 교육과 설명기회가 반드시 가장 먼저 이루어져야한다(의사소통에 관해서는 제4장에서 자세히 설명한다). 이때, 커뮤니케이션의 열쇠는 사람들을 설득시키는 것이 아니라 사람들을 공감하게 만드는 것이다. 공감 없이는 어떤 감동도 성공도 보장할 수 없다. 이것은 개인이나 조직이나 마찬가지다.

장애요인	극복방안
• 안정적 · 소극적 조직문화 • 견고한 조직구조 • 인적 · 물적 자원의 한계 • 부서 간 커뮤니케이션 부족	• 교육과 커뮤니케이션 • 적극적 참여 • 상부의 지원 • 의도적 · 적극적 지원

윌리엄 아이크스(William Ickes)는 "가장 능숙한 조언자, 가장 뛰어난 외교관, 가장 유능한 협상가, 가장 유력한 정치인, 가장 생산성 높은 영업사원, 가장 성공적인 교사와 교수, 가장 통찰력이 뛰어난 치료사를 가르는 기준은 그가 '구체적 감정이입' 능력을 가졌는가, 그렇지 않은가에 달려 있다"고 말했다. 사회지능의 척도인 감정이입은 '원초적 감정이입'과 '구체적 감정이입'으로 구분된다. 원초적 감정이입은 상대가 내보내는 마음의 파장과 같은 비언어적 신호를 잡아내 상대의 감정을 느끼는 것을 말하며, 구체적 감정이입은 사회가 어떻게 돌아가는지를 인지하는 가운데 추론의 과정을 거쳐 상대의 생각과 감정과

의도를 파악하는 것이다.

그런 다음 적극적인 참여를 유도하는 방안을 도입해야 한다. 아무리 좋은 취지라도 자기가 도외시되었다면 구성원은 심리적으로 거리감을 가진다. 변화를 위한 의사결정과 실천계획 수립과정에서 당사자들을 참여시켜야 한다. 조직의 변화에 있어 변화를 실천해야 하는 조직원의 자발적 참여야말로 조직문화 정착과 항구적인 변화관리의 핵심요소라

▌그림 3-4▌ 재미와 감동을 주제로 한 조직 문화 실천 프로그램

할 수 있기 때문이다. 그러나 제도적 기반을 충실하게 마련했음에도 목표에 대한 아젠다(Agenda) 형성이 미비하고, 이로 인한 자발적 참여 부족으로 행동화에 어려움을 겪고 있는 것이 사실이다.

공군 교육사령부에서는 자발적 참여를 유도하기 위해 '재미와 감동'을 매개로 하여 생동하는 조직문화를 창출하기 위해 노력하고 있다. 재미는 '아기자기하게 즐거운 기분이나 느낌'을, 감동은 '크게 느끼어 마음이 움직임'을 의미한다. 조직문화는 모든 이가 참여하는 것이 중요하므로, 프로그램을 개발하는 단계, 계획하는 단계, 실행에 참여하고 평가하는 모든 단계에서 전 장병이 참여해야 한다.

또한 강력한 리더십에 의한 상부의 지원이 필요하다. 리더가 강력하게 추진하면 저항하던 사람들도 그 세력이 약해질 것이다. 새로운 기술,

새로운 제도를 모르는 것이 저항의 큰 이유가 되기 때문에 교육 프로그램이나 예산, 인원, 시간 투입 등 각종 자원의 지원에 리더의 의지가 포함되어 있어야 한다.

마지막으로 의도적이고 적극적 지원이다. 저항이 많을 것 같은 조직의 리더들을 의사결정과정에 참석시켜 사전 이해를 돕기도 하고 적극적인 협조도 얻을 수 있다.

구성원들이 자연스럽게 공감하고 스스로 참여할 수 있는 문화를 만들어 가는데 리더십이 중요하다. 이러한 리더십의 대안 모델로 '모성 리더십'을 제시하고자 한다.

제4장

실행에 집중하라

실행은 조직 구성원의 책임이 아닌 리더의 몫이다. 리더의 가슴과 영혼이 조직 전반
에 깊이 스며있을 때 비로소 실행력이 향상된다.

- 래리 보시디

1

카리스마 리더와는 안녕

많이 알려진 '개미이론'이 있다. 개미의 활동을 관찰한 결과에 의하면 실제로 일을 하는 개미는 20%에 불과하고 대다수인 80%의 개미는 일은 하지 않고 왔다갔다할 뿐이다. 사람의 경우도 이와 다르지 않다. 조직이 무엇인가를 바꾸려 할 때, 20% 정도가 적극적으로 찬성하고, 60%는 상황을 살피며, 20%의 사람은 이에 반대한다. 사람을 움직이게 만드는 여러 가지 요인이 있겠지만, 부하들을 설득시켜 스스로 움직이도록 것만큼 확실한 것은 없다. 생사여탈권 같은 절대권한을 갖고 있지 않는 이상 사람은 자기가 원하지 않는 일에 쉽사리 움직이지 않는 법이다.

한국 사회의 특징 중의 하나는 아직까지도 남성 위주의 사회이며, 남성의 대부분이 군대라는 경직된 사회를 공통적으로 체험하고 있다는 점이다. 군대에서의 2년여 짧은 기간의 조직생활 경험은 장차 사회생활에 있어 장점으로 작용되는 부분도 있지만, 보다 유연한 사고방식이 요구되는 조직에서 단점으로 작용할 가능성도 있다.

수평적이고 네트워크화된 21세기 지식정보사회에서 리더의 일방적 지시와 통제, 그리고 수직적 위계질서를 강조하는 조직 관리로는 지식 정보화 시대에 효과적으로 대처할 수 없으며, 조직성과 향상을 도모할 수 없다는 것은 누구나 공감하고 있다. 이에 따라 새로운 리더십 패러 다임에 대한 공감대 형성이 이루어져 이미 많은 대안들이 모색, 적용 되고 있다.

흔히 군대 조직하면 어떤 리더십 유형이 적절하다고 여길까? 간부 보다는 의무복무 병사가 절대적으로 많은 군대 조직은 일반 기업이나 공공기관과 비교할 때 구성원의 자발적 동기부여 기회가 상대적으로 부족하고, 계층 간의 차 ─ 계급, 연령, 학력, 출신 배경 등 ─ 가 크다. 이 때문에 이를 가장 신속하고, 효율적으로 통제하여 전투력을 발휘하 기 위해서는 남성적 리더십, 흔히 카리스마적 리더십을 적용하는 것이 적절하다는 인식이 사회 통념적이었다.

그러나 필자는 오히려 그러한 이유 때문에 남성적 리더십보다는 모 성적 리더십이 타당하다고 생각한다. 개개인의 능력을 최대화하기 위 해서는 차별화되고 선별적인 리더십이 개인적 동기유발을 가능하게 하려면 남성적 리더십으로는 한계가 있다. 필자가 모성적 특징인 희생 적 서비스정신, 꼼꼼함, 유연성에 기반을 둔 인본주의적 리더십을 적 용해 본 결과 상당부문 필자의 생각과 일치했다.

챔피언을 만드는 모성

최근 들어 기업에서는 '디테일(Detail) 경영'을 모르면 성공할 수 없 다는 것이 일반적 상식으로 받아들여지고 있다.

디테일 경영의 대표주자인 삼성 이건희 회장은, "사소하다고 생각 하는 것이 제일 중요한 것이 될 수 있다. 우리는 사소한 것을 따지고 기록하는 것을 쩨쩨하다고 생각하는 대범증부터 고쳐야 한다. 이런 허세가 마무리를 대충대충 하는 타성으로 이어져 우리의 제품, 우리의 사회를 흔든다."라고 끊임없이 강조하였다.

과거 공군에서도 작은 잘못을 절대 용서하지 않는 장군이 간혹 있었다. 그래서 대범하지 못하다는 이유로 붙은 별명이 "○ 하사", "○ 중사"라고 불리곤 했는데, 정작 큰 잘못에 대해서는 관대하게 대하는 것을 보았다. 그분들은 승진하여 더 중요한 일을 맡기도 했는데, 당시에는 꽤나 입방아에 오르내리곤 했던 기억이 있다.

마찬가지로 조직을 관리하는 리더에게도 '작지만 소중한 것'을 찾아 활용하고 작은 질책에도 마음의 상처를 입는 부하들을 관리 할 섬세함이 요구된다. 따라서 보살핌, 상호관계 중시, 책임성에 기반을 둔 '모성 리더십'이 전통적으로 통제, 감독, 경쟁을 중시한 가부장적이고 권위적인 남성적 리더십을 보완하는 새로운 리더십 개념으로 주목받고 있다. '모성 리더십'이란 리더가 구성원들을 보고 대하는 관점이 마치 어머니가 어린아이를 대하듯이 생각하고 행동하는 데서 파생된 리더십이다.

모성 리더십은 여성의 특성이라기보다는 모성적인 특성을 바탕으로 한다는 점에서 다르다. '여자는 약하다. 그러나 어머니는 강하다'라는 말이 있듯이, 우리는 모성에 대하여 긍정적이면서도 특별한 인식을 갖고 있다.

동서양 모두 금메달 따면 "엄마!"

동서양 모두 금메달을 딴 세계 최정상 선수들은 "엄마!"를 부른다.

유난히 남자 선수들에게 두드러진 현상이다. 세계를 재패한 영웅들도 엄마를 가장 먼저 찾는 '귀염둥이 아들'일 뿐이다.

배드민턴 금메달리스트 이용대가 17일 금메달을 딴 뒤 카메라 앞에서 날린 '깜짝 윙크' 세리머니가 "엄마한테 한 것"이라고 말해 장안의 화제다.

이에 앞서 유도 선수 최민호도 금메달을 딴 뒤 인터뷰에서 "우리 엄마는 천사라요" 하고 말해 '순수' 이미지로 팬들을 사로잡았다. 최민호는 한국에 돌아가면 가장 하고 싶은 일로 "뒷바라지하며 고생한 엄마와 여행을 다니는 것"을 꼽았다.

금메달리스트가 "엄마!"를 부르며 열광하는 것은 서양도 마찬가지다.

미국 수영선수 마이클 펠프스가 17일 올림픽 8관왕을 달성한 직후 말한 수상 소감은 "엄마가 보고 싶어"였다. 그는 8번째 금메달을 목에 걸자마자 관중석에서 눈물을 흘리고 있던 엄마 데비에게 달려가 감격의 포옹을 나눴다.

같은 날 열린 기자회견에서도 "30초 만이라도 엄마와 단둘이 있고 싶다. 엄마 얼굴을 그냥 바라보고 싶다. 이탈리아 로마에서 수영대회가 열리는데 엄마가 거기 참가하라고 권유한다. 로마 관광을 원하는 엄마를 위해 그 경기에 꼭 출전할 생각"이라고 말했다.

미국 웹진 '슬레이트'가 매일 집계해 발표하는 '올림픽 감상성 지수'에서도 '엄마'가 단연 1위로 떠올랐다. 이 잡지는 올림픽을 독점 중계하는 NBC 방송의 역대 중계를 분석해 '도전, 용기, 헌신, 꿈, 영광, 영웅, 기적, 엄마, 열정, 눈물, 승리' 등 상습적으로 쓰이는 감상적 단어 33개를 골랐다. 이 단어들이 얼마나 자주 쓰이는지를 체크하는 '새포미터 (Sap-O-Meter)'를 개발해 베이징 올림픽 기간 중 매일 순위를 매겨 그래프를 공개한다.

— 우경진, 「엄마형 리더십」

출처: 〈동아일보〉, 2008. 8. 19.

모성적 리더십의 특징은 크게 희생적 서비스 정신, 꼼꼼함, 유연성의 세 가지로 요약할 수 있다.

모성 리더십의 특징은 희생적 서비스 정신, 꼼꼼함 그리고 유연성이다. 희생적 서비스 정신은 모성의 특징 중 가장 대표적인 것으로, 자녀에 대한 무조건적인 사랑을 베푸는 것과 같이 부하에 대한 세세한 관찰과 관심, 희생과 감성적 배려를 행하는 것이다. 이는 부하에게 자연스럽게 받아들여지게 해 진정한 감동을 불러 일으켜 자발적으로 행동하게 만든다. 심지어 야단과 질책을 가해도 부하직원들은 리더의 진정성을 이해하기 때문에 이를 원망하며 말썽으로 나타나지 않는다. 물론 진정성이 기본이 되어야 한다. 진정성이 없는 관심과 배려, 희생은 자칫 오해와 불신을 낳을 수 있다.

꼼꼼함은 자신이 맡은 일을 정확히 처리하는 책임감의 형태로 나타난다. 즉, 여러 자식들이 있어도 각기 다른 재능과 특징을 잘 알고 거기에 맞는 소질을 계발하도록 하는 것처럼, 군 조직에서 모성 리더십은 개개인에 대하여 잘 알고 눈높이에 맞게 부하들을 관리하는 것을 말한다. 또한, 자식을 위해서 물불을 가리지 않는 모성의 본능처럼 해야 할 일에 대해서는 반드시 실천하는 실행력이 높게 나타난다. 군 조직에서 리더는 부하들을 위해서 반드시 실행해야하는 것은 완수해낸다. 부하를 보호하지 않고 책임지지 않는 리더는 그 존재의미가 퇴색된다.

남성 리더십은 경직되어 있지만 모성 리더십은 유연하다. 유연한 태도는 사물을 다양하게 관찰·해석하고 그에 따른 사고와 행동 방식을 창의적으로 생각하는 것이다. 이러한 유연성은 여성 특유의 직관과 더불어 발상의 전환과 그에 따른 행동방식으로 남들이 보지 못한 틈새를 발견해내는 안목을 키워준다. 더구나 유연성은 급박한 위기 상황에 처해서도 여유롭게 대처할 수 있는 기반이 된다.

눈으로, 마음으로

앞에서 설명한 대로 희생적 서비스 정신, 꼼꼼함, 유연성 등의 모성적 가치에 기반을 둔 리더십 발휘를 위해서는 반드시 필요한 핵심과정을 거쳐야 한다. 리더십은 리더와 부하간의 상호 작용이므로 리더가 일방적 또는 무계획적으로 끌고 나갈 수 없는 것이다. 그러므로 서로간의 첫 만남에서 눈길을 통해 서로의 정보를 주고받는 탐색의 단계부터 시작해 각 단계가 순차적으로 전개되어야 하며 이러한 상호작용의 결과를 유심히 살피는 것이 중요하다.

단계는 다음과 같다.

1단계, '관심과 관찰'의 단계
2단계, 리더는 솔선수범을 보여주고 부하는 서서히 마음의 문을 열고 자발적 행동으로 나가는 단계
3단계, 신뢰구축을 위해 노력하는 단계

첫째, 관심과 관찰이다 – 현장 중심의 지휘활동

모든 과학의 출발점은 관찰이다. 뉴턴이 떨어지는 사과를 보고 만유인력의 법칙을 발견한 것이나, 아르키메데스가 욕조의 물이 넘치는 것을 보고 "유레카!"라고 소리 지른 것도 관찰의 결과이다. 화가들의

위대한 작품도, 유명한 작가의 글쓰기에도, 영화나 무대에서의 배우들의 연출도 모두 관찰을 바탕으로 한다. 그러나 눈으로 보되 자신의 생각 렌즈로 보는 것이다. 그것이 투명한 것이든 노란색, 빨간색을 띠고 있건 말이다. 세상의 모든 일상적이고 평범하며 사소한 것들을 나만의 주관적 시선으로 다시 보는 것 그것이 관찰이다.

모성적 리더십의 출발 역시 관심에서 비롯된 관찰이다. 훌륭한 업적을 남긴 수많은 장군과 훌륭한 리더들의 결심은 관찰력과 무관하지 않다. 그들은 평범한 사람이 그냥 지나쳐버리고 보지 못하는 것들을 일상 속에서 발견하였다.

관찰의 대부분은 눈이라는 감각기관에 의해 이루어지고 있다. 그러나 관찰은 눈으로 보는 것만을 의미하는 것이 아니다. 신체의 오감을 모두 활용해서 듣고, 만지고, 냄새 맡고, 맛을 보고, 몸으로 느끼는 것 모두를 말한다. 낚시에서 감히 따라올 사람이 없을 정도로 유명한 달인이 있다고 해서 한 TV 프로그램 제작진이 수소문하여 찾아가 보았다. 뜻밖에도 그 사람은 앞을 보지 못하는 장님인 것이 밝혀지자 또 한 번 많은 사람이 놀란 적이 있다. 그는 보이지 않는 시력을 보완하기 위해 다른 감각이 더욱 발달하게 되어 오히려 시각을 제외한 기타 감각은 정상인의 보통 능력을 훨씬 능가할 수 있었던 것이다. 그는 실날 같기만 한 낚싯줄과 긴 낚싯대를 거쳐 희미하게 전달되는 물고기가 미끼를 건드리는 것을 촉감으로 파악할 수밖에 없었다. 그럼에도 눈으로 찌의 미세한 움직임을 보고 낚싯대를 잡아채는 정상인보다 물속 상황을 정확히 파악하고 있었다. 숲속에서 여러 새들이 지저귀는 소리를 눈을 감고 들어보면 오히려 더 잘 듣고 구분해서 들을 수 있는 것처럼 말이다. 관찰이라는 것은 반드시 시각으로만 가능한 것은 아니다. 다른 감각으로도 오랜 시간을 두고 접하면 그것은 관찰이 된다. 예컨대 촉각과 후각, 청각도 하나의 훌륭한 눈이 되기 때문이다.

이러한 관찰은 통상 인내와 끈기라는 내적 동기가 반드시 뒷받침되어야 가능한 것이다. 조직에서는 이러한 인내와 끈기를 필요로 하는 관찰이 가능하도록 리더의 역할이 중요하게 작용하고는 한다. 자식이 인내와 끈기를 통해 꿈을 이루어가는 과정에서 모성적 사랑이 힘의 원천이 된다. 누군가 든든하게 지지해주고 있다는 사실 자체가 오랜 기간의 고통과 어려움을 헤쳐 나갈 수 있게 해준다. 그것은 큰 것이 아니라 작은 관심과 배려에 기반한다. 어머니처럼 들어주고 보듬어주는 리더의 모습에서 시작된 부하에 대한 작은 관심과 배려하는 행동들이 자연스럽게 부하직원들에게 스며들고 잔잔한 감동과 함께 자발적인 행동에 이르도록 만든다.

현장 중심의 리더십은 관찰을 중시하는 리더십의 한 형태이다. 이러한 리더십을 미국의 링컨 대통령을 통해 가늠할 수 있다. 그는 남북전쟁 기간 중 현장에서 그들이 처한 환경 속으로 직접 들어가 봄으로써 동질감을 이끌어 내려 했다. 전쟁 첫 해인 1861년에는 거의 절반에 가까운 많은 날을 백악관 밖에서 보냈으며 현장에서 중요한 결심들을 내리곤 하였다. 링컨은 평소 인간관계의 중요성을 강조했다. 사실은 남북전쟁을 지휘하고 있는 대통령으로서 신속하고, 시기적절하며 효과적인 의사결정을 할 수 있는 결정적인 정보를 찾고 있었던 것이다. 그는 집무실에 머물고 있을 때보다 밖에 머무르고 있을 때가 훨씬 많았는데, 한 달에 18일인 경우도 있었으며 4년간 355일을 전투 현장에서 보냈다. 전쟁 현장의 군인들 속에서 많은 시간을 보낸 점과 다양한 유대관계를 유지하기 위한 그의 행동은 정보를 획득하기 위해서였다.

링컨은 사람이야말로 가장 중요한 정보원이라는 것을 깨달았고, 그들에게 가까이 다가가야 한다는 사실을 알게 되었다. 그는 곧잘 밖으로 나가서 무엇이 어떻게 진행되고 있는가를 직접 확인하는 등 필요한 정보를 찾는 데 끊임없는 노력을 기울였다. 그는 부하들을 직접 만나 두루 살펴보고 관찰함으로써 문제가 무엇인지, 그 해결방법은 어떻게 모색할지 현장 속에서 고민했다. 그것은 오랜 인내와 끈기가 필요한 일이었다.

조직의 리더로서 해야 할 일은 계층별로 그리고 분야별로 강/약점, 위기/기회로 생각되는 모든 것을 오감을 통해 관찰하는 것이었다. 자신의 집무실 책상에서 파악하는 것이 아니라, 생산활동에 참여하는 작업자들이 움직이고 있는 현장에서 직접 파악하는 기회를 통해서만 이 조직원이 문제에 대한 인식과 해결방안을 제시하고 있는가, 업무 지향적 태도가 긍정적인지 수동적인지, 변화와 혁신에 대한 마인드가 있는지, 관리자의 부하에 대한 관심은 어느 정도인지 등 현장 분위기를 느끼는 것만으로도 많은 것을 진단할 수 있다.

이때 유의해야 할 점은 절대로 관찰만 해야지 현장에서 문제를 바로 잡는 질책이나 지시를 해서는 안 된다는 것이다. 촉수가 움츠러든 달팽이나 두꺼운 갑옷 속으로 머리와 다리를 집어넣은 거북이처럼 더 이상 아무 움직임도 볼 수 없으니 말이다.

21세기와 링컨의 리더십

　최근 미국에서 9.11 테러 1주기를 맞이하면서 미국인에게 가장 감명을 주었고 지금까지도 영향을 미치고 있는 역대 대통령들의 연설을 다시금 들려주면서 미 국민들의 단합과 애국심을 고취시키고 있다. 그 유명한 연설문들 중에서도 링컨 대통령의 게티스버그 연설문이 빠질 리 없다. 우리들에게도 링컨은 그의 업적을 통해 역사상 가장 훌륭했던 인문들 중의 한사람으로서 알려져 있지만, 실상은 무엇이 그를 위대하게 만들었는가에 대한 자세한 내용은 알려져 있지 않다. 시골 출신의 이류 변호사가 어떻게 미국 역대 대통령 중에서 가장 최고로 평가되고 있으며, 21세기에 들어서도 어떻게 그의 리더십을 적용할 수 있을 것인가가 모든 이의 관심이다. 링컨의 정직함과 근면성, 그의 유명한 연설, 노예해방, 그리고 마침내 암살에 이르기까지 링컨에 대한 상식 수준의 지식으로, 약 이 100년 전의 리더십이 21세기에 와서 적용되기에는 너무 낡은 것이 아닌 가도 생각되겠지만 이러한 생각이 틀렸다는 것을 깨닫게 되기까지 그리 오래 걸리지 않을 것이다. 그것은 클라우제비츠의 전쟁론이 19세기에 쓰인 것임에도 아직까지 가치가 있는 것과 같다.

　훌륭한 리더의 기본적이고 우선적인 요소는 인격이다. 인격에는 성격, 신뢰감, 관대함, 헌신, 정직성 등 여러 하위 요소가 있다. 널리 알려져 있는 것처럼 링컨의 별명은 '정직한 Abe'이다. 의심할 바 없이 정직함은 그를 훌륭한 리더로 만든 가장 주요한 요인 중의 하나이다. 그러나 링컨이 지녔던 용기가 아니었더라면 대통령 시절 그에게 쏟아진 수많은 비난과 비판을 결코 이겨내지 못하였을 것이다. 그를 둘러싼 많은 사람들이 거의 모두 정적이었고, 전 생애를 통해 질시, 미움, 그리고 저주의 목표가 되었다. 이는 링컨이 성취를 향해 쏟아 부었던 열망의 반대급부이기도 했다. 평범한 사람은 자신에게 쏟아지는 비난이나 관심 속에 민감할 수밖에 없는 것이다. 특히 현재의 Mass Media들은 너무나 신속하고 강력하다. 링컨이 어려움을 이겨내었던 방법은 자신에게 쏟아지는 것들을 무시하는 것이었다.

　링컨은 무엇보다도 인간관계의 중요성을 강조하였다. 그러나 사실은 남북전쟁을 지휘하고 있는 대통령으로서 신속하고 시기적절하며 효과적인 의사결정을 할 수 있는 결정적인 정보를 찾고 있었던 것이다. 그는 집무실에 머무르고 있을 때보다 밖에 머무르고 있을 때가 훨씬 많았는데, 전쟁 현장의 군인들 속에서 머물곤 했던 많은 날들과(한 달에 18일인 경우도 있으며, 4년간의 전쟁 기간 중 355일을 전투현장에서 보냈음) 다양한 유대관계를 유지하기 위해서 했던 모든 것은 정보를 획득하기 위해서였다. 링컨은 사람이 가장 중요한 정보원이라는 사실을 깨달았고 그들에게 가까이 다가가야 한다는 사실을 알게 되었다. 그는 곧잘 밖으로 나가서 무엇이 어떻게 진행되고 있는가를 직접 확인하는 등 필요한 정보를 찾는 데 끊임없는 노력을 기울였다.

링컨의 특별한 재능 중의 하나는 대화를 나누는 기술이었다. 그의 모든 장점들이 대화에 총체적으로 나타나곤 했다. 대중연설뿐만 아니라 사람과의 관계를 형성함에 있어 제한이 없었고, 매우 자유스럽고 교감적이며 여유스러웠다. 다정스럽고 친절한 표현, 용기를 주는 미소, 무엇보다도 유머 넘치는 말들로서 사람들을 편안하게 만들었다. 그의 유머는 다른 사람들이 그를 추종하게 만든 커다란 요인 중의 하나였다. 개인적인 대화는 공개적인 연설보다 더욱 더 중요하다. 일을 수행하는 것은 개개인들이며 부하들을 움직이는 가장 큰 요인은 어떻게 효과적으로 대화를 하는 가에 달려있다. 사람을 대할 때 자신이 남으로부터 대접받기를 원하는 만큼 다른 사람을 대하였고, 자신의 의지와 달리 무엇을 하도록 강요하지 않았다. 명령을 통해서가 아니라 조언을 하고, 도움을 제공하되 부하들이 올바르게 일을 처리하도록 여건을 만들어 주고 부하가 주도권을 갖고 일을 처리하도록 용기를 준 것이다.

또한, 링컨이 미래에 대한 비전을 지니지 않았다면 현재에 이르러서도 위대한 리더로서 받아들이지 않았을 것이다. 세상은 매우 빠르게 변하고 있고 불확실한 세상의 도전에 직면하고 있는데, 리더의 가장 중요한 덕목으로서 예측 불가능한 미래에 대응하는 능력이 아닐 수 없다. 영향력 있는 비전은 과거 속에 뿌리를 내리고 있는 대중들로 하여금 미래에 대하여 준비를 하게끔 만드는 것이다. 링컨의 비전은 과거에 뿌리를 두고 있으면서도 현재와 연결되어 있었고 또한 미래를 준비하고 있었다. 노예제도로 인한 남북 간의 갈등으로 분리 주의자들의 강력한 도전에 직면하여 통일된 미국을 지키려는 그의 비전이 오늘날 강력한 미국의 근간이 되었다고 볼 수 있다. 강력한 리더십은 부하들과 공통된 동일한 가치와 비전에서 비롯된다.

James MacGregor Burns는 "리더의 근본적인 행동은 사람들로 하여금 그들이 자신의 실제욕구들을 강하게 느끼고 개인적으로 추구하는 가칠들을 의미 있게 만들게 함으로써 목적 있는 행동이 되도록 깨닫게 하거나 의식 있게 하도록 유도하는 것이다"라고 하였다. 리더는 하루하루의 일상생활 속에서 자신의 모습을 부하들에게 보여줌으로써 가장 효과적으로 자신의 철학을 투영시킬 수 있다. 그러기 위해서는 부하들의 삶 속으로 파고 들어가야 하며, 링컨은 부하들에게 뿐만 아니라 많은 대중들에게 유머·철학·비전·노력으로 철저히 무장하여 일대일로 자주 마주침으로써 영향을 주었다. 이러한 점들이 왜 링컨이 위대한 리더였으며, 그의 리더십 스타일이 200년이 지난 지금에도 역시 적용 가능한 것인가를 잘 보여주고 있는 것이다.

(이 글은 필자가 2003년에 국방일보에 기고한 글임)

둘째, 리더는 솔선수범을 보여주고 부하는 서서히 마음의 문을 열고 자발적 행동으로 나가는 단계이다.

인디언 추장에게 물었다.
"추장님, 당신의 특권은 무엇인가요?"
"전쟁이 일어났을 때 가장 앞에 서는 것입니다."

한 신사가 말을 타고 가다가 병사들이 무거운 재목을 움직이려는 것을 봤다. 군복을 단정하게 입은 상사가 병사들에게 "하나, 둘!" 해 가며 호령을 했다. 그러나 재목은 움직이지 않았다. 신사가 그 상사에 게 나지막이 물었다.
"왜 자네는 병사들과 같이 재목을 움직이려 하지 않는가?"
상사는 무슨 소리냐는 듯이 대답했다.
"나야 명령을 내리는 상사인데요."
그러자 신사가 말에서 내리더니 윗저고리를 벗고는 "자아, 우리 같이 한번 들어 보세"라고 말하면서 병사들 사이에 끼어들었다. "하나, 둘, 셋!" 그러자 재목은 천천히 움직이기 시작했다.
신사는 말없이 다시 말에 올라타더니 상사에게 이렇게 말했다.
"다음번에 자네가 부하들과 함께 재목을 움직여야 할 일이 있으면 총사령관을 부르게."
그제야 상사와 병사들은 그 신사가 다름 아닌 조지 워싱턴 장군임을 깨달았다.
일은 권한이나 권력으로 하는 것이 아니다. 사람이란 자기가 원하지 않는 일에는 쉽게 움직이지 않는 법이다. 부하직원이 상사의 지시에 복종하도록 하는 것이 권한이 아니다. 권한은 자신이 솔선수범하는 모습을 얼마나 많은 사람에게 보여줄 수 있는가이다. 권한이 없는 사람은 자기 스스로 보여줄 수 있는 자율권이 적다. 사장이나 CEO 그보다 회장이 된다면 더욱 많은 사람에게 자신을 보여줄 기회가 많다는 것, 그것이 권한이다. 자신의 생각이 올바르다고 생각하고 자신감이 있다면 부하직원을 충분히 이해시키거나 솔선수범으로써 마음을 움직여야 한다. 솔선수범은 6시그마 성공의 제일 전제조건임을 다시금 깨달아야 한다.

셋째, 훌륭한 리더의 공통분모 '신뢰' 형성의 단계

리더는 부하들의 성장을 돕고 이끌어야 한다

리더는 부모가 자식의 교육을 위해 모든 것을 희생하듯 부하의 성장 발전을 위한 멘토가 되어야 한다. 여러 자식들이 있어도 다른 재능과 특징을 잘 알고 소질을 계발하도록 하는 것처럼, 관찰력 있는 리더는 부하 개개인에 맞는 눈높이 처방으로 그들이 성장을 할 수 있도록 도와야 한다.

수직적 관계에서는 명확한 임무인식과 권한위임을 보여줌으로써 부하를 인정하는 단계가 중요하다. 현장 감독관들처럼 실무 현장에서 평생을 보낸 그들은 자신들이 많은 노하우를 지닌 중요한 존재라고 생각한다.

실제로도 그렇다. 상대방을 인정하지 않으면, 상대방도 나를 인정하지 않는 법이다. 그것을 무시한다면 리더를 불신하게 된다. 불신은 리더십 발휘에서 큰 장애 요인이다. 따라서 그들의 그러한 전문 노하우를 먼저 인정해 주고 나서 다음단계로 개인 발전을 위한 지휘관심과 구체적인 방법을 제시해야 한다. 이는 상관과 하나 되는 과정에서 필수적인 것이다.

리더는 계층에 적절한 수준에 맞는 처방을 하고 교육과 훈련, 노력과 경비를 투자해야 한다. 이렇게 부하의 발전을 위해 노력하는 리더의 모습이 하나 둘 쌓여야 신뢰가 형성될 수 있다. 이때, 무조건 열심히 하라고 말로만 강조하는 것이 아니라, 구체적으로 무엇을 어떻게 추진할 것인지 목표와 방법을 같이 도출하고, 현명한 방법을 선택할 수 있도록 계층별로 방법을 달리 적용하고 성취될 때까지 인내심으로 돌봐주어야 한다.

그러한 과정은 서로를 인정하고 함께하는 시간들을 갖게 되면서 의사소통이 이루어지는 노력과 인내가 필요한 가장 어려운 시기가 될 수도 있다.

머리가 아닌 가슴으로

모성적 리더십은 '느끼는 것'이다. 아기가 아프면 아기와 똑 같은 부위에서 엄마가 아픔을 느끼는 것처럼 부하들과 느낌을 같이 하는 것이다. 이것은 관계 지향적 네트워크를 중요시하는 것이며, 이성적 행동보다는 감동으로 지휘하는 것이다. 부하들은 자신의 상관 또는 관리자들을 인생의 선배, 경험자, 친밀한 조언자로써 좋은 관계가 유지되기를 원하고 있으며 인간적 대우를 받기를 원하고 있다.

조직에서 보람을 느끼고 인정을 받는 것과 자존심을 살려주는 것은 금전적 가치 이상의 힘을 발휘하는 강한 자기만족이며, 리더와 부하간의 윈—윈 관계를 형성해준다. 한국적인 정서가 충분히 고려된 사기 진작을 어떻게 하는가가 중요하다. '신바람 효과'는 사람의 의욕을 고

조시키는 것이 '돈'이나 '명성'이 아니라 '자존심'과 '기분'에 있다는 점은 너무나도 한국적인 정서이다.

그러나 신바람 효과를 알면서도 실천하는 것은 결코 쉽지만은 않다. 부하의 생일, 결혼기념일, 자녀의 입학과 졸업일까지 기억했다가 작은 정성을 표시한다면 부하와의 관계는 더욱 부드러워지고, 긍정적인 영향을 줄 수 있다. 그렇게 되기 위해서는 무엇을 해야 하고, 어떻게 할 것인지, 그리고 그 결과(열매)를 어떻게 즐길 것인지를 같이 늘 고민하고 행동하는 프로그램이 필요하다.

일의 성과에 대한 신속한 보상은 상관에 대한 신뢰감을 높여 준다. 그리고 보상도 부하들이 예상할 수 있는 수준이 아니라 파격적인 것이 되도록 해서 또 한 번 감동을 주는 것이 필요하다. 신상필벌의 목적은 전 구성원의 적극적 참여를 도모하기 위한 것이다. 그러므로 전 계층의 관심과 참여기회를 확대하여 모두가 주인의식을 갖도록 함으로써 스스로 소중한 존재임을 느끼게 하고, 끊임없는 칭찬으로 사기를 북돋아 줌으로써 인간적인 신뢰를 두텁게 쌓아야 한다.

비판자보다 방관자가 늘어가는 조직은 절대 발전할 수 없다!

현재 진행형 리더십 구현

최고 경영자 또는 리더가 장기적 비전만 제시해서는 안 된다. 리더십은 보이지 않는 부분과 보이는 부분이 적절하게 조화를 이루어야 한다. 부하나 구성원의 행동의 결과, 참여의 결과가 바로 피드백되어야 한다. 이는 성과주의와는 차별이 되어야 하는 것으로 리더십의 중간 결과들이 가시화 될 때 중간점검이나 재동기부여가 가능해진다. 그러기 위해서는 내면의 변화 유도가 우선적으로 필요하고, 가시적 변화는 곧 자신감, 신바람으로 연결되어 확대 재생산이 가능해진다.

아침 일찍부터 출근하여 밤늦게까지 시간외 근무를 하고 때로는 휴일근무까지 즐겨하는 사람들이 성실한 근무자로 인정되곤 한다. 그리고 '바쁘다'라는 말을 입에 달고 있으면서 자신의 일에 열성이면서 다른 일 다른 부서 등 주변에 무관심한 사람들은 자신이 상당히 중요한 일을 완벽하게 하는 것으로 착각할 수 있다. 그러나 관리자의 입장에서 보면 그러한 근로자들의 일 속에는 반드시 개선해야 하는 부분이 많이 있다.

먼저 그들은 팀워크가 없는 사람들임에 틀림없다. 조직에서 혼자서 일하는 사람은 거의 없다. 그들의 업무를 살펴서 무엇이 문제인가를 밝혀내고 시간의 낭비가 있는지, 더 쉽게 할 수 없는지, 무엇보다 팀 내 다른 사람들은 어떤 일을 하고 있는 지 등 일의 양과 질에서 'Work Harder'보다는 'Work Smarter'의 기준으로 따져보아야 할 것이다.

이를 위해서는 평소에 자신이 하는 일에 대해 근본적인 문제의식을 갖는 것이 필요하다. 내가 현재하고 있는 일이 '꼭 필요한 것인지', '무엇을 위하여 하고 있는지', '지금 당장 해야 되는 것인지' 이 같은 질문을 던져 보고, 개선할 부분을 찾아보면 의외로 자신의 일에서 버려야할 부분이 많은 것을 알게 될 것이다. 이를 통해 개인의 에너지를 줄이면서 일을 효율적으로 할 수 있는 방안이 도출될 수 있을 것이다.

피터 드러커는 최근의 새로운 제품이나 기술, 이른바 혁신을 일으킨 아이디어는 그 90% 정도가 내부로부터가 아닌 외부로부터 온 것이라한 바 있다. 비교적 과거에는 업계의 고유기술이 존재했고, 다른 분야와의 기술 교환이 없이 그 내부의 정보로서 기술 발전이 가능했다. 하지만 최근에는 중요한 아이디어는 대부분 다른 업계와 제휴를 하거나 대학과의 파트너십을 맺어 외부로부터 정보를 얻고자 하는 움직임이 현저하다.

특히 창조적 아이디어는 서로 어울릴 것 같지 않은 분야들끼리의 경계파괴 또는 휴전산업을 통해 두드러지게 나타나고 있다. 문제 해결 시 어찌되었든 내부의 능력으로 해결하고자 하는 마인드에서 시급히 벗어나서 외부정보와 자원의 도움을 받아들이려는 개방의 자세가 업무의 질을 향상시킬 뿐만 아니라 부하를 피곤하게 만들지 않는 최소한의 자세이다.

첫째, 부드러움이 가장 힘 있는 언어이다

힘든 결정을 내리고 변화에 반발하는 조직의 저항에 맞서려면 리더십은 결단력을 갖춰야 하는 한편 좀 더 인간적인 측면의 변화를 다루기 위한 부드러움이 리더십을 통해 자연스럽게 묻어 나와야 한다.

노자(老子)가 주나라에 있는 상종이 병이 심하다는 소식을 듣고 문병을 갔다.

"제자들에게 뭔가 남기실 말씀이 있습니까?"

"내 혀가 아직 있느냐?"

"물론 있습니다."

"그럼 이는?"

"하나도 없습니다."

"왜 그런지 아느냐?"

"혀는 부드럽기 때문에 남았으며 이는 단단하니까 없어졌다고 생각합니다."

"그렇다. 천하의 일도 이 이치와 같다. 제자들에게 이 말을 전하라."

필자는 공개된 자리에서 부하들에게 절대 화를 내지 않을 것을 약속함으로써 스스로 최대한 이를 지키려는 노력을 기울였다. 부드럽다는 것과 화를 내지 않겠다는 것과는 의미면에서 많이 다르지만, 웃음과 인자한 얼굴 표정은 상대방의 경계심을 늦추는데, 가장 효과적이라고 생각한다.

〈조선왕조실록〉에서 찾아본 역대 왕들이 화를 낸 경우와 횟수라는 자료에 의하면, 태종은 월 평균 0.46회로 두 달에 한번 정도, 세종은 0.06회로 전체 재위기간 379개월 중 21번으로 1년에 한번 화를 냈다는 기록이 있다. 가장 화를 내지 않은 임금은 정조로서 재위기간 292개월 중 겨우 8번 화를 내어 초인적인 자기 통제력을 발휘한 것으로 나타난다. 세종은 취임하는 자리에서도 '인(仁)을 베풀어 정치를 하겠다.'라고 밝혔다. 세종의 뛰어난 업적은 탁월한 감정 관리와 무관하지 않다. 세종은 선천적으로 긍정적 성격의 소유자이기도 하지만 많은 경우에서 상대방의 입장에서 생각하는 '역지사지(易地思之)'를 실행한 왕이었던 것이다.

둘째, 주변 환경을 보면 조직과 리더의 수준이 보인다

근무환경을 아름답게 바꾸는 것이 변화의 출발이다. 사소한 환경 변화가 큰 효과를 낸 것으로 딱정벌레차로 유명한 독일의 폭스바겐

자동차사의 사례를 들 수 있다. 그들은 생산 공장을 투명한 유리를 통하여 많은 사람들이 작업과정을 외부로부터 들여다 볼 수 있도록 바꾸었는데 생산성에서 대단한 변화를 가져왔다고 한다. 우리들 주변에서 흔히 자신이 근무하는 사무실이나 화장실이나 공공장소 등이 지저분한 경우를 볼 수 있다. 자신의 주변이 지저분한 것과 자신의 업무의 질과는 전혀 상관없다고 생각할 수 있겠지만 전혀 그렇지 않다. 일하는 환경이 잘 정돈되어 있고 깨끗할수록 일의 능률뿐만 아니라 자신이 속하고 있는 조직에 대한 자부심과 소속감이 생기는 법이다.

자신이 일하고 있는 곳에 가족이나 애인을 데려와서 보일 수 있는 자신감이 없다면, 그 곳에는 개선의 여지가 있는 곳이다. 청결한 분위기와 환경개선이 다른 사람에게 보여주기 위한 것이 절대 아니다. 이것은 현장에서 일하고 있는 말단 직원에 대한 관심이며 배려이다. 위의 화장실 사진은 필자가 지휘관 시절 추진했던 '화장실 개선 운동'의

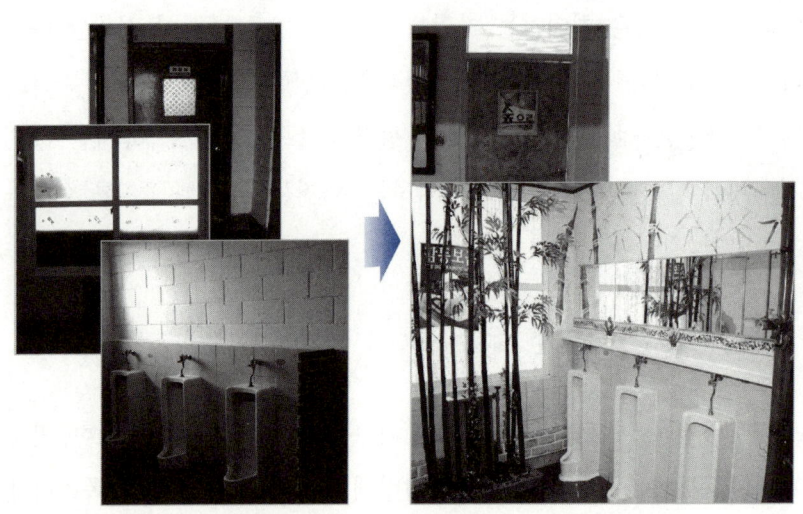

'화장실 개선 운동 후' 달라진 3훈비 보급대대의 화장실

한 사례인데 많은 예산을 들이지 않고 자발적 참여를 통해 실시했는데, 그 결과가 너무 좋아 필자도 놀랄 정도였다. 화장실 개선 운동은 외형적 변화뿐만 아니라 상관의 배려하는 마음을 그들이 읽는 기회였으며, 그것은 바로 소속감의 증대와 업무 효율성 증가로 나타났다.

도요타의 경우 초기에 '작업을 하고 있는 데 많은 사람들이 쳐다보면 너무 산만해 진다.'고 반발했으나, 정착이 되고 나서는 '기껏 열심히 일하고 있는데 왜 안 오는가.' 하면서 불만이 나올 정도로 모두가 방문객을 업무의 자극으로 삼게 되었다.

도요타의 개선은 우선 행동하는 것에서 시작되는데 5S는 행동 없이는 시작할 수 없는 활동이다. 따라서 개선활동에 들어가기 전에 5S로부터 시작하는 것을 기본으로 하였다.

도요타의 5S란 정리, 정돈, 청소, 청결, 습관화의 발음이 모두 'S'로 시작된 것에서 비롯된다.

- 정리(seiri) : 필요한 물건과 필요 없는 물건을 분류해 필요 없는 물건을 처분하는 것
- 정돈(seiton) : 필요한 물건을 누구라도 필요할 때에 바로 꺼낼 수 있도록 하는 것
- 청소(seiso) : 깨끗한 상태를 만드는 것
- 청결(seiketo) : 깨끗한 상태를 유지하는 것
- 습관화(situke) : 결정된 것들을 결정된 대로 언제나 지키는 것

5S는 지진에 대비하기 위한 안전 활동이었는데, 이 활동이 직원들의 습관으로 정착하게 되면 개선활동에 대한 저항이 줄어들게 된다고 한다. 일본의 경우 지진이 많아 평소에도 안전이 중요시되고 있지만 안

전한 공간에서 효율이 증가된다. 실제로 혁신에 성공한 일본 이와테 현의 경우 개선 활동이 5S에서부터 시작되었다.

2

인재를 소중하게 여겨라

인재로 분류되어 집중적으로 양성이 되어야 할 대상은 누구인가?

도요타식 혁신에서는 부장, 과장급 등 중간관리자들을 가장 중요시하고 있다. 최고 경영진이 아무리 위기의식을 강조하고, 경영지침을 내려 보내도 중간관리자의 역할이 없다면 경영진의 생각은 사상누락이 되거나 독선으로 비춰지기 때문이다. 그래서 중간관리자들의 태도와 능력이 전 직원의 참여를 유도하느냐, 그렇지 못하느냐를 결정짓는 가장 중요한 요인이 된다. 항공기로 비유하면 최고 경영자는 조종석에 앉아 지휘하는 조종사에 해당하며, 중간관리자는 항공기의 심장인 기관(Engine)에 해당된다. 항공기의 특성상 엔진은 비행을 계속하게끔 동력을 제공하는 추진력으로써 엔진이 멈추는 순간 공중을 날던 항공기는 추락하게 마련이다. 중간관리자가 항공기의 엔진과 같은 조직의 심장이라고 여긴다면, 누구라도 소홀하게 관리해서는 안 될 것임을 인식하게 될 것이다.

도요타나 GM 등 대기업의 경우 중간관리자의 위기의식 공유와 능력 향상을 위해서 기업 대학을 설치하는 곳이 증가하고 있으며, 기업의 컨설팅 역시 중간관리자의 트레이닝을 주제로 한 요청이 증가되고 있다. 경영진과 중간관리자와의 깊이 있는 대화의 중요성이 크게 대두

되고 있다는 증거이다.

관심은 평등하게, 대우는 차별적으로

맥킨지 컨설팅의 인재전략 보고서인 「인재전쟁(The war for talent)」
에서는 사람들의 가능성과 수행능력을 평가하여 A, B, C 세 등급으로
나눈 기준에 대해 절대적인 자신감을 보이고 있다. A급 직원은 지속
적으로 결과물을 제시하고, 다른 사람들에게 영감을 주고 용기를 북돋
워줌으로써 비범한 실적을 달성하는 사람으로 상위 10~20%에 속한
다. B급 직원은 기대는 충족시킬 수 있는 성실한 사람이지만, 그 이상
의 일을 해내지는 못하는 사람으로 중간의 60~70%가 해당한다. C급
직원은 나쁘지 않을 정도의 결과물을 내는 사람으로 하위 10~20%에
속한다.

조직의 효율성을 높이기 위해서는 능력에 따라 분류된 인원에 대해
이에 상응하는 조치들이 주어지는 것은 당연하다. 사람은 누구나 자신
의 능력과 관계없이 자신이 하고 있는 일로 인해 긍정적인 평가를 받
기 원한다. A급 인재들에 대해서는 그들이 회사에 계속 머물고 일에
만족하고 기뻐할 수 있도록 과감한 보상과 투자가 있어야 하며, 성실
하게 근무하는 B급 인재들에 대해서는 성장할 수 있는 기회를 지속적
으로 부여하는 것이 필요하다.

C급으로 분류될 수 있는 사람조차도 자신의 자존심이 지켜지길 원
한다. '무능한 직원들에 대해서 어떻게 다루고 있는 가에 대한 연구'에
의하면 CEO들이 실패하는 가장 큰 요인은 무능한 부하 직원을 다룰

수 있는 능력이 없기 때문이라고 한다. C급 직원들은 또 다른 C급 직원들을 끌어들이는 경향이 있다고 넷스케이프의 공동 창업자인 마크 앤드리슨이 말했다. 그는 이것을 '무능력자의 법칙(Rule of Crappy)'이라고 불렀는데 "불량한 관리자는 더욱 더 불량한 직원을 고용하게 되는데, 이는 자신만큼이라도 자질 있는 사람이 어딘가에 있다는 것만으로 위협을 느끼기 때문이다. 불량 관리자를 그대로 용인해 둔다면 상황은 끔찍해지는 것이다."라고 했다.

 C급 직원들을 방치한 상태에서는 조직의 발전이나 성과를 기대할 수 없다. 따라서 먼저 그들 스스로 직무 성과를 높일 수 있는 기회를 만들어 주고, 그들이 적절히 대응하지 못하면 과감하게 해고결정을 내려야 한다. 앞에서 언급했지만, 많은 관리자들은 자기 손에 피를 묻히기 싫어하지만 그런 관리자 역시 자신의 직무를 제대로 수행하지 않는 C급 관리자에 속할 가능성이 많다. 경험적으로 볼 때 리더들은 부하들에게 솔직한 평가나 피드백을 제공하거나 보상을 보류하고 처벌할 수 있을 만큼 의지가 강한 리더는 많지 않다. 그래서 본의 아니게 평가가 관대해지는 경향이 있고 실적이 저조한 사람에게 다른 임무를 부여할 때가 있는 데 이러한 방식은 오히려 조직의 하부 구조만 더욱 혼란스럽게 만들 뿐이다. 유감스럽게도 C급 직원들은 실적저조의 이유를 다른 사람에게 돌리는 것에 너무나도 익숙해 있다. 한 귀퉁이가 썩어 있는 사과를 그냥 방치하면 그 썩는 속도는 빨라지게 마련이다.

도요타식 인재육성 노하우

인재선발을 할 때 흔히 적용되는 기준으로써 각종 성적과 같은 정량화된 평가자료가 많은 부분을 차지하고 있다. 그러나 외국의 사례를 보면 경영진이 추구하고 시행하고 있는 목표와 전략에 대한 정확한 이해와 열정 그리고 리더로서의 자격이 있는지가 최우선 기준이다.

리더의 기본 자격은 인격이고, 품성이다. 한 사람을 대상으로 평가를 할 때 다양한 평가가 나올 수 있고 많은 부분을 정량적으로 표시하기에는 어려움이 예상되긴 하지만 그러한 문제를 해결하지 못하면 조직이 원하는 인재를 양성하지 못한다.

'도요타 가이젠(改善) 노하우'의 저자 와카마즈 요시히토(若松義人)는 도요타 자동차에서 도요타 생산 방식의 실천과 가이젠을 전파하는 활동을 지금도 계속 하고 있는 도요타 맨이다. 그는 책의 서문에서 인재 양성 개념을 이렇게 설명한다.

매뉴얼이나 관리자의 지시에 따르기만 하는 사람은 더 이상 진화하지 못하고 경쟁에서 낙오할 수밖에 없기 때문에 '현장 사람들이 스스로 답을 생각해 내도록 한다.'는 것을 무엇보다 중요한 요소 중 하나로 여긴다. 남이 가르치거나 시켜서 해결하는 가이젠은 효과가 즉각 나타나긴 하지만 오래가지 않는다. 다소 시간이 걸리더라도 현장 사람들의 사고력을 중시하여 '스스로 생각하고, 스스로 이루어내는 풍토를 조성'하는 것이 무엇보다 중요하다는 것이다.

상식적인 개념으로 인재라고 판단할 수 있는 사람의 능력이란 어떤 것인가. 좋은 학교출신? 아니면 국제화 시대이므로 이에 적합한 영어를 포함한 외국어 구사 능력일까, 대인 관계 능력, 도전 정신을 구비

등등은 어떤가. 한 마디로 얘기하면 어떠한 자격, 특히 외형적 요건을 구비한 자로 요약될 수 있는 것이 상식적인 인재의 모습이었다.

그러나 도요타는 다르다. 달라도 완벽하게 다르다.

도요타자동차의 부사장이자 도요타 방식의 창시자로 불리는 오노 타이이치(大野耐一)는 '답을 말하지 않고, 답을 생각하게 만들기'에 철저했던 사람일 뿐만 아니라 관리자가 제시하는 것에 부하 직원이 그대로 따를 경우에도 엄격하게 나무랐다.

오노 부사장의 '바보' 시리즈에는 다음과 같은 사람이 해당된다.

"내가 시키는 대로 하는 사람은 바보이고, 하지 않는 사람은 더 바보이다."

"남에게 답을 가르침 받는 사람은 바보이고, 그 답대로 행동하는 것은 더 모자란 바보이다."

관리직이 피해야 할 금기사항으로 부하에게 생각하는 일을 모두 일임하는 '떠넘기기'를 첫 번째, 세세하게 지시를 내리는 '극성 엄마타입'을 두 번째로 꼽았다. 도요타에서는 다소 시간이 걸리더라도 충분히 생각할 시간을 주고 적절한 조언을 제시하는 것이 도요타 방식에서나 인재 육성에 있어서 중요하게 여기는 것이다.

도요타식 인재육성의 다섯 가지 노하우를 이렇게 표현하고 있다.

① 답을 가르쳐 주지 않는다.
② 반드시 '왜'를 5회 반복한다.
③ 스리쿠션으로 생각한다.
④ 우선 행동에 옮긴다.
⑤ 구현하고 싶은 모습의 이미지를 그린다.

한 마디로 '생각하는 두뇌력을 가진 인재육성'이다.

"우선 사람을 만들어라. 그리고 경영을 하라. 그 속에 사업이 있다."

오노 부사장 밑에서 일했던 많은 사람들이 "이것이 도요타 방식의 본질이다."라고 배웠던 것이 있다. 물건 만들기에서 중요한 것은 그 모든 것보다 사람이라는 것이다. 제대로 생각할 수 있는 사람이 있고, 그들에게 지혜를 발휘해 지속적으로 개선을 창출되는 것이 '좋은 물건'이고, 이 좋은 물건이 고객에게 지지를 받아야 비로소 사업이 성립한다는 것이다.

앞에서도 언급한 바 있지만, 부하 직원에게 생각할 기회를 주지 않는 것은 도요타의 금기사항이다. 일을 배우는 부하 직원의 입장에서는 당연히 힘든 과정을 거칠 수밖에 없다. 그러나 도요타에서는 과제를 부여하고 지켜볼 뿐 답을 가르쳐 주는 등의 구체적인 도움은 절대 금물이다. 처음에 이러한 방식은 부하직원도 힘들 뿐 아니라 상사에게도 매우 인내력이 필요하게 마련이다. 상사가 나서서 자세하게 가르쳐주면 시간도 절약되고, 부하직원이 훨씬 빨리 배울 수 있을 것이다. 하지만 '스스로 생각하는 능력'이 없는 한 다음 단계로 발전할 수 없다. 이와 같은 이유로 문제 해결 시에는 최소 5회의 '왜(Why)'를 반복하고 또 반복해야 한다.

'왜'를 5회 반복하면서 문제의 본질로 접근하는 방법이니 간단한 것 같지만 그렇지 않다. 보통의 경우 도요타의 경험상 3회 정도 '왜'라는 질문을 하면 지식으로서 답변할 수 있는 마지막 단계에 이르게 된다.

이때 나온 것을 문제에 대한 해결책으로 결론짓고 이를 바탕으로 개선 활동에 들어간다. 하지만 이 단계에서는 컴퓨터의 데이터베이스에 저장되어 있는 지식을 꺼내어 오는 것과 마찬가지이므로 사람이 '생각한다.'는 단계가 아니며 따라서 진정한 개선을 이루는 지혜가 나오지 않는다. 생각하는 두뇌력은 사람의 행동이 병행됐을 때 확실히 머리에 새겨지게 된다.

21세기는 지식정보 사회라고 한다. 따라서 지식 경영, 지식 창조가 강조되는데 많은 사람들이 컴퓨터에 내장된 지식을 이용하는 것이 지식 창조로 잘못 이해하고 IT를 능숙하게 다룰 줄 아는 인재가 조직에서 필요한 인재로 둔갑될 수 있다. 그럴 만도 한 것이 IT의 진보 때문에 모든 데이터가 글로벌 네트워크로 연결되고 필요한 정보가 바로 검색되어 사용할 수 있는 환경이 되었으니 말이다.

그러나 도요타 방식에서는 21세기가 데이터(지식)로 승부하는 시대가 아님을 분명히 하고 있다. 21세기는 지혜로 승부하는 시대이며, 지혜는 책상 위에서가 아닌 현장에서 그리고 지혜를 얻기 위한 일련의 '생각한다.'라는 과정을 반드시 거쳐야만 쓸 만한 아이디어가 얻어져서 기업의 승부, 기업의 성공이 결정될 수 있다고 강조한다.

성공으로 이끄는 EVP(Employee Value Proposition)

최근 한국 공군에는 쉽사리 해결하지 못하는 숙제가 있다. 유능한 인력의 외부 유출이 그것이다. 매년 많은 수(정확한 숫자는 밝히지 않는 것으로 하자)의 유능한 조종사가 의무복무 기간을 마치고 공군을 떠나 민간 항공사로 옮겨 간다. 전역으로 유출되는 인원이 최근 들어 공군 지휘부의 예상치를 언제나 훨씬 상회하기 때문에 베테랑 조종사의 공백을 어떻게 해결해야 하는가를 고민하는 일이 연례행사처럼 벌어지고 있다.

그들이 군을 떠나 민간 항공사로 전직을 하는 이유는 매우 다양하겠지만, 정작 그들조차도 숨겨진 이유를 정확히 밝히지 못하고 있다. 어느 정도의 인원은 자연유출이 이루어져야 하겠지만, 아쉬운 것은 평소 훌륭한 조종사로서 공군에서 평생 봉사할 것처럼 보였던 매우 재능 있는 인재들이 떠나는 것을 바라보기만 할 뿐 막을 방도가 없다는 데 있다.

이러한 문제와 관련하여 미국 한 회사의 사례는 인재를 어떻게 관리해야 하는가를 다시 한 번 생각하게 만든다.

미국의 인터넷 광고의 개척자인 더블클릭(Double Click)의 창업자인 케빈 오코너(Kevin O'connor)는 EVP(Employee Value Proposition), 소위 고용인들에게 특권들을 주는 방식―로비에 고급 커피바를 제공하거나 무료로 살사춤 강습을 해준다―을 직원들에게 제공했다. 뿐만 아니라 자신의 경력을 관리하거나 새로운 기술을 배우고 위험을 감수하는 것까지도 EVP으로 가능해져 직원들의 만족도가 대단히 높았다. 이 때문에 2000년 봄에 시작된 나스닥(Nasdaq) 폭락 위기 때에도 회사를 떠나는 직원이 한 사람도 없었다는 것이다.

EVP는 직원들이 회사의 일원으로 일하면서 경험하고 부여받게 되는 모든 것들의 총합으로서, 일에 대한 본연적인 만족감에서부터 보상, 환경, 리더십, 동료 등을 모두 포괄하는 개념이다. 회사가 직원들의 필요와 기대 그리고 꿈까지도 얼마나 잘 충족시켜주고 있는가를 보여준다. 강력한 EVP는 훌륭한 인재들을 끌어들일 수 있으며, 있는 인재가 다른 곳으로 떠나가는 것을 자연스럽게 방지하는 것이다.

맥킨지 컨설팅의 인재전략 리포트인 「인재전쟁(The War for Talent)」의 조사 결과에 의하면 인재들은 훌륭한 회사의 일원이고 싶어 하고, 마음에 드는 문화와 가치 속에서 일하고 싶어 한다. 무엇보다 훌륭한 리더와 함께 일하기를 원한다. 성과중심(영감을 주는 임무, 높은 목표, 결과에 대한 책임, 엄격한 성과시스템)의 문화와 투명하고 신뢰할 수 있는 환경에서 근무하고 있는 사람들의 만족도가 높게 나타났다. 또한 구성원들은 부하들에게 비전을 주고 의욕을 심어줄 수 있는 좋은 리더이길 바란다. 훌륭한 리더십은 나이든 경영진보다 X세대에게 훨씬 더 중요하게 나타났는데, 상사와의 돈독한 관계가 직장을 결정하는 데 영향을 미치는 요소 중, 일에 대한 흥미, 직장과 개인생활과의 균형에 이어 세 번째로 중요한 요소라고 평가했다.

1999년 포춘(Fortune) 지가 발표한 '일하기 좋은 100개 회사'에서 1등을 차지한 미국의 중견기업인 시노부스 파이낸셜의 이야기는 매우 설득력 있는 사례이다. 일만여 명의 직원을 거느리고 있는 회사가 급속한 성장을 이룩한 후 갖게 된 주간회의에서 한 투자자가 이렇게 지적했다.

"지금 이 순간 사업 성공에 가려서 우리가 우리의 사람들을 잊게 된 것은 아닐까요?"

이 말에 회의에 참석한 모든 이는 그의 질문에 담겨있는 정서를 모두 이해했다. 그들은 "여기서 일하는 모든 사람들이 누군가가 자신에게 마음을 써주고 있다는 것을 알 수 있는 직장을 만드는 것이다. 또한, 괴롭힘, 속임수, 비밀주의, 부정직함 등이 없는 직장을 건설하는 것이다. 또한 상사에게 복종하고 부하를 무시하는 태도를 없애는 것도 포함한다." 그들은 자신들이 만들고 싶어 하는 문화를 '가슴이 있는 문화(A Culture of the Heart)'라고 부르게 되었다. 이 회사 관리자의 가장 중요한 역할이 부하 직원들을 돕고, 성장시키며 그들에게 영감을 주는 것이라는 것을 관리자들이 깨닫고 있음을 보여주는 것이다.

사람들의 이직을 막는 방법으로 임금을 올리는 방안을 자주 사용하곤 하지만, 설문조사에 의하면 그다지 효과가 없는 것으로 나타난다. 대신 부하직원들이 무엇을 원하고 있는지를 수시로 파악해서 해결해주는 회사의 자상한 손길과 관심을 필요로 한다는 것이다.

인재를 소중히 여기고 확보된 인재가 한 조직에 머물 수 있도록 만들기 위해서는 이 점을 결코 간과해서는 안 된다.

3

안전한 의사소통을 보장해라

"대화가 필요해!"

지식경영의 원조로 잘 알려진 히토츠바시 대학의 노나카 이쿠지로 교수의 말이다. 그는 지식경영보다는 지식창조(Knowledge Creation)를 주장했는데, 히트상품을 제조했던 유명기업 즉, 혼다, 마쓰시다 전기, 캐논, 미국의 3M 등에서 혁신이 어떻게 자연발생적으로 생겨나는가를 조사했다.

그 결과 밝혀낸 것은 아이디어의 창조를 위해 가장 중요한 것은 '대화'라는 사실이었다. 창조성이 있는 기업에서는 대화가 이루어질 수 있는 분위기가 형성되어 있었고, 그러한 기업일수록 창조적이고, 혁신적인 제품을 만들어 내기 쉽다는 사실을 발견했다. 그에 따르면 개인적인 영감 또는 직감만으로는 부족하고 대화를 통해 자연스러운 브레인스토밍 과정을 거침으로써 차원이 전혀 다른 혁신적인 무엇인가가 탄생된다는 것이다. 논의를 통해 자신들의 한계를 초월하게 되는 단계가 있고, 한계를 뛰어 넘으면 새로운 것이 탄생할 확률이 아주 높아진다는 것이다.

도요타식 문제 해결의 방식에서도 '다 함께 작은 지혜 모으기'가 가장 기본이다. 혼자서 생각하는 아이디어는 엉뚱한 것으로 생각하기 쉽다. 하지만 실제적인 성과로는 잘 연결이 안 되어도 그것이 모이고 교환되는 가운데 생각하지 못했던 결과물로 이어지고 실제적인 개선이 이루어지는데 유용할 수 있다.

최고 경영자는 최선의 메신저

불확실성 시대의 새로운 경영전략의 저자 McCarhty에 의하면 우수한 기업일수록 대외적 의사소통보다는 대내적인 의사소통에 더욱 집중함으로써 최고 경영층과의 일체감 형성과 회사가 아무리 힘든 시련을 겪고 있다하더라도 사내의 사기를 충만하게 유지하는 경향이 있다는 것이다.

설문조사 결과에 의하면 의사소통의 가장 효율적인 방법을 묻는 질문에 가장 효과적인 메신저로 고위급 경영진(CEO, 회장, 사장 등)을 꼽았고, 가장 효과적인 수단으로 직접적인 대면 토론과 회의를 언급했다. 6시그마와 같은 변화를 추구하는 운동의 성공을 좌우하는 절대적인 요인은 변화에 관여하는 최고위급 리더십인 것으로 나타났다.

최고 경영자는 여러 가지 기회를 통해 구성원과 직접대화를 하는 것이 필요하다. 군에서도 최근의 경향으로 군 지휘관이 중·소위, 부사관 등 초급간부와 병사들 등 업무 관계상 직접 만나기 어려운 구성원들과 만남의 기회를 갖고 있으며, 이를 군내 홍보계통을 통해 널리 소개하고 있다. 평소 정상적인 업무 채널로서는 하부 구성원의 생각이나 아이디어를 접할 수 없다는 측면에서 언뜻 보기에는 상당히 참신한 시도임에는 틀림없어 보인다. 하지만 좀 더 들여다보면 실효성보다는 홍보적 효과를 노리고 시도되는 것이기 때문에 아쉬운 부분이 많다.

또한 연말연시 또는 특별한 이슈가 발생했을 경우 지휘관 회의를 거창하게 대규모로 개최한다. 이때는 비행부대 지휘관은 해당 부대의 전투기나 훈련기 등을 이용하기도 하고 수송기를 이용하여 참석할 뿐만 아니라 회의 준비를 위해 많은 인원들이 동원될 수밖에 없는 비용 측면에서도 고비용 회의이다. 문제는 회의가 철저하게 상의하달로 끝나는데 있다. 많은 시간과 경비를 들여 지휘관들을 한 자리에 모이게 한 그 회의보다 현장의 목소리를 현실감 있게 그리고 형식을 배제하고 교환할 기회가 많지 않다. 그러나 아쉽게도 회의의 결과로 남게 되는 것은 얼굴도 제대로 알아보기 어려운 차렷 자세의 단체사진 한 장과 회의록뿐이다.

최고 경영자의 의지를 전달하는 가장 좋은 방법은 소규모의 사람들, 즉 부서 단위의 인원에 대해 수시로 직접 만나 대화하는 것이다. 의사소통의 활성화는 평소의 업무프로세스에서 더욱 필요한 것이다. 정상적이고 평시적인 업무채널, 매일 마주하는 사람들끼리 상하 간에 또는 동료 간에 이러한 홍보성 짙은 행사는 전혀 불필요하다.

McCarthy가 주장한 것처럼 최고경영층과 조직원 모두와의 일체감 형성 또는 사기를 유지하기 위해서는 중간관리자와의 긴밀하고 걸림 없는 의사소통 분위기를 항시 개방된 상태로 유지하는 것이 매우 중요하다. 초급 간부나 병사와의 일회성으로 끝나는 모임이 아무리 참신한 의견교환의 기회라 하더라도 그들은 지휘관만큼의 책임의식이나 다른 사람에게 지휘관의 의지를 전파하거나 영향을 미칠 수 없는 위치에 있기 때문에 그 회의에 참석한 당사자 한사람에게 최고 경영자나 수뇌부의 의도가 전달되는 것에 만족해야 한다.

그래서 최고경영자의 지휘 의도나 경영지침을 전 조직원에게 전달하고 실천력을 높이기 위해서는 중간지휘관이나 관리자를 잘 이용하는 것이 원활한 의사소통의 맥이라고 할 것이다. 중간관리자나 지휘관은 또 하부조직을 통해 구성원 말단까지 이어나가야 하며 이 단계에서 열리고 안전을 보장하는 의사소통이 필요하다.

소통의 본질은 '설득'보다는 '공감'

커뮤니케이션의 본질은 설득(Persuasion)에 있지 않고 공감(Sympathy)하는 데 포인트가 있다. 사람은 설득당하는 것을 좋아하지 않을 뿐더러 설득당하지도 않는다. 다만 설득된 것처럼 보이는 경우는 어쩔 수 없는 사회적 관계, 지배 ― 피지배의 관계 때문이다. 설득은 논리의 싸움이기도 하고 힘에 의한 대결이기도 하다. 즉, 힘겨루기에서 어느 한 편이 지거나 이기게 되는 승패의 경우가 생기므로 지는 것을 좋아하는 사람은 없다. 반면, 공감하는 것은 마음과 마음의 파장이 만나 서로에게 감응하는 것이다. 공감을 하게 되면 상대가 자신을 심정적으로 이해하고 진실하게 대한다고 느낄 때 친근감이 형성된다. 이러한 공감대를 높이는 방법은 말로써 상대방을 사로잡는 것이다. 그러나 유창한 달변이 필요한 것이 아니라, 오직 상대방에 집중하고 있는 모습을 보이도록 최선을 다하는 것이 필요하다.

리더라면 다음의 성공적인 대화법을 반드시 이해하고 사용해야 할 것이다.

① 상대와 말할 때는 오직 당신뿐이라는 자세를 갖고 대한다.

② 기분 상태는 직설화법으로 협상은 비유법으로 한다.

③ 상대가 흥분하면 대화의 속도를 늦춘다.

④ 대화의 마지막은 항상 희망적으로 맺는다.

그러나 사회적으로 성공한 사람, 즉, 지위가 높거나 돈이 많은 이들, 그리고 배운 것이 많아 학식이 출중한 사람들이 오히려 대인관계에 지장을 받는 경우가 많다.

좋은 상사들과 나쁜 상사들은 대개 이런 특징을 갖고 있다. 좋은 상사는 타인의 이야기를 잘 들어주고 유머감각이 있고 상대방을 배려하며 겸손한 반면, 나쁜 상사는 타인의 경우를 이해하지 못하는 벽창호형이고, 성질이 급하면서 우유부단하며 남 탓을 잘하는 거만한 사람의 경우가 많다. 이를 모두 종합하면 리더에게 요구되는 것이 바로 덕(德)이라는 것을 알 수 있다. 그러면서도 누군가 자신이 베푼 것을 갚아줄 것이라는 생각 자체를 의식하지 않는 사람이 진짜 리더이다.

지식의 역전현상

우리 조직에는 관리자라는 직책 구분은 없지만, 관리자로 분류되는 직책들이 있다. 기업으로 비유하면 계장, 과장급으로 한 부서를 담당하고 있지만 대외적인 책임과는 다소 거리가 있는 직급이다. 항공기 정비 부서를 예를 들면 정비 중대장, 정비관리실장 등이 이에 해당한다고 본다. 관리자는 수십 명의 정비사들의 행정적 책임을 지고 있지만, 정비기술이나 지식 면에서는 그들과 비교가 될 수 없다. 상위 계급이긴 하지만 해당 항공기 정비 경험이 많지 않은 장교가 보임된다고 보는 것이 맞다.

이럴 경우 어떠한 문제가 예상되겠는가? 정비사들은 자신의 상관을 신뢰하지 않게 된다. 직급이 상위라고 해서 무조건 명령하면 통하고 받아들이는 세상은 이미 지났다. 정비사들은 정비 기술과 지식 면에서 자신의 상관을 능가한다고 판단하고 자신의 생각을 고집하며, 때로는 상관을 무시하기까지 한다. 이러한 현상은 여러 곳에서 발견된다. 공군의 경우, 지원자로 구성된 병사들의 학력이 일부 간부그룹보다 높게 나타난다. 또 젊은 세대들은 컴퓨터를 포함한 최신 IT 기기들의 활용 능력 면에서 기성세대를 압도한다. 여기에서 지식의 역전현상이 생기고 해당지식과는 관계없이 자신보다 상대방이 부족하다는 판단이 내려지는 순간 상대방을 배려하거나 존중하는 마음이 갑자기 사라지고 독선적이고 자기중심적으로 변하게 된다. 가정에서도 자녀들이 부모의 말을 무시하고 잘 듣지 않게 되고 대화의 단절이 나타나는 시점은 부모에게 궁금한 것을 물어보았을 때 답변을 하지 못하게 되는 시점과 거의 일치한다.

이것은 조직으로서는 대단히 불행한 일이고, 최고 경영자나 군 수뇌부에서는 이러한 지식의 역전 현상이 발생하지 않도록 끊임없는 자기계발을 유도하고 능력을 신장시켜야 한다.

안전을 보장하는 발언 문화

세계 최대의 특급 운송 서비스업체 페덱스의 리더십 인스티튜트의 책임자였던 마단 비를라는 '페덱스 방식'이라는 책에서 안전을 보장하는 발언권에 대하여 아주 적절하게 표현했다.

"직원들은 원 스트라이크 쓰리 볼에서 볼로 들어오는 투수의 공에 헛스윙을 하더라도 선수 교체를 당하지 않을 거라는 말을 감독으로부터 계속 들어야 하고, 또 그렇게 믿게 되어야 한다…."

야구를 즐기는 사람들은 알 것이다. 타자가 중요한 순간에 멋진 홈런 한 방을 쳐 주기만을 기다리고 있는 시점에서, 어처구니없는 행동이나 실수를 했을 때의 그 실망감을. 관중들의 비난과 야유가 틀림없이 그 선수에게 들리도록 아우성을 쳐도 실수를 한 선수나 감독이나 전혀 흔들림 없는 태연자약한 모습을 보이고 있는 경우가 많다.

이처럼 조직 내에서는 자유로이 의견을 표출하더라도 비난이나 불이익을 당하지 않을 거라는, 즉, 안전할 거라는 믿음이 형성되어 있어야 한다. 그리고 리더들은 현재 추진 중인 전략의 기본전제에 반하는 의견이나 아이디어를 제시하더라도 그것을 인정하고 그에 대해 수용적인 태도를 보여야 한다.

이와 같은 기업 리더들의 태도가 의견표출과 관련된 안전한 환경을 만드는 가장 핵심적인 요소가 된다. 이때, 사소한 문제에 대해서만 자유로운 의견표출이 가능해서는 안 된다. 중대한 문제에 대해서도 자유로이 자신의 의견을 표출할 수 있어야 한다. 그러기 위해서는 조직의 리더들은 부하들 앞에서 의견표출 허용원칙을 제시하고, 새로운 아이디어에 대한 포상과 실패를 했을 경우에도 얼마든지 수용가능하다는 것을 분명히 밝혀야 한다.

와인버거의 해외파병 원칙론

우리 사회가 이라크 파병문제를 놓고 찬반 논란이 활발한 가운데 마치 정부에서까지도 부처 간 갈등이 있는 것처럼 언론에 보도되고 있는 것은 참으로 안타까운 일이다.

이라크에서의 상황이 갖가지 위협—은밀한 공격, 테러, 그리고 공개적인 협박이나 무력의 사용 등—에 노출된 상황에서 어떻게 적절한 수준에서 대응할 것인가를 결정하는 것은 매우 어려운 일이다. 그러나 유연한 대응이 어떤 대응이라도 괜찮다는 것으로 해석돼서는 안될 것이다.

이라크의 상황이 전쟁시보다 더욱 혼란스럽고 국적에 관계없이 외국인을 상대로 한 무차별적 테러와 공격이 진행되고 있는 상황에서 인도주의적 파병을 목적으로 전투병이 주력이 아닌 재건병력이나 의무병력만을 보내야 한다는 일부의 주장은 너무 순진한 판단이 아닐 수 없다.

이미 이라크에서는 부분적으로 전투가 다시 진행되고 있는 만큼 전투를 예상하고 이에 효과적으로 대처할 수 있는 충분한 인원을 지원해야 한다. 우리의 능력이 허용하는 한 단호하게 지원해야 성과를 기대할 수 있다.

이라크 상황이 제한적이건, 위협의 정도가 잘 파악돼 있지 않든 간에 동맹국간의 신의를 저버릴 수는 없다. 국가 간 상호 의존체제와 우방국 간의 동맹관계에 바탕을 두고 있는 현실 속에서 고립주의는 우리에게 오히려 더욱 불리한 상황으로 빠져들게 할 가능성이 있다.

레이건 대통령 재직시 와인버거 국방장관은 미국의 해외파병에 관한 원칙을 다음과 같이 밝힌 바 있다. 초강대국으로서 전 세계에 군대를 주둔 내지 파병하고 있는 미국의 경우이기는 하지만 우리정부가 그 원칙을 눈여겨보는 것도 도움이 될 것 같아 소개한다.

첫째, 미국이나 동맹국 간에 중대한 이해가 위태로울 때 군대를 투입한다.

둘째, 투입하게 될 경우 이기기 위해 필요한 모든 수단을 동원한다. 제한된 병력만을 파견함으로써 목표달성이 가능한 경우도 있겠지만 이기기 위한 적절한 규모의 병력을 보내는 것에 대해 주저하지 말아야 한다.

셋째, 뚜렷한 정치·군사적 목표가 있을 때만 투입한다.

넷째, 군대의 규모나 구성, 그리고 배치는 정치·군사적 목표가 바뀌면 이에 따른 분석과 평가를 통해 병력 투입에도 변화를 줄 수 있어야 한다.

다섯째, 미국 국민과 의회의 지지를 얻을 수 있는 경우에만 투입한다.

여섯째, 최후의 방편으로서만 병력을 투입한다.

이 같은 기준이 우리에게 적용될 수도 있고 또 그렇지 않을 수도 있다. 다만 과거 우리는 국가이익을 위해, 그리고 동맹국이 위협받을 때 우리의 군대를 사용할 준비가 돼 있었으며 결정적으로 사용하기도 했다.

즉 우리의 결정적 이해가 관련돼 있을 때는 언제든지 준비가 돼 있어야 하고 또 단호히 투입해야 한다. 이러한 기준들이 신중히 적용된다면 가능한 한 적은 인원의 파견을 주장하는 지나친 신중론자나 반대론자의 주장에서 벗어날 수 있을 것으로 본다.

평화와 자유를 지키기 위한 책임을 수행함에 있어 어느 정도의 위험을 감수하고 경비를 지출하는 것은 각오해야 하는 일이다. 국가이익 때문에 군대가 부득불 요구될 때 우리는 확고한 국가적 의지를 가지고 목표를 달성할 수 있는 성격과 규모의 적절한 병력을 파병해야 할 것이다.

(이 글은 필자가 2003년에 국방일보에 기고한 글임)

대부분의 경우 부하직원들이 선뜻 자신의 아이디어를 표출하지 못했던 원인은 경영자들에 대해 가지고 있는 두려움이었다. 경영자나 간부급 직원들에 대해 두려움을 가직 있는 조직 내에서는 직원들이 가지고 있는 좋은 아이디어가 표출되지 못하고 그 결과 기업의 혁신 역량은 그만큼 줄어들게 된다. 두려움으로 경영되는 조직의 특성이 가장 극명하게 드러나는 이러한 조직을 한 하버드대 교수는 '방어적 사고(defensive reasoning)'에 의해 억압된 조직이라고 표현했다. 이런 조직에서는 자기 자신이나 다른 사람을 '부끄럽게 만드는' 이슈들을 제기하는 것을 매우 꺼리게 만든다. 한마디로 정작 중요한 이슈이긴 해도 어렵거나 당황스러운 주제에 대하여 얘기하는 것을 피한다. 그래서 지식경영이론가 피터 셍게 MIT 교수는 아이큐(IQ) 130인 구성원들을 모아 놓아도 결국 전체 아이큐는 평균보다 못한 60인 조직이 된다고 밝혔다. 이른바 소통 장애에 따른 분산성 효과 때문이다. 조직이 거대해지면 관료주의가 자리를 잡기 마련인데. 복잡한 의사결정 절차와 경영자들과 직원들 사이의 대화 단절과 실수하기를 두려워하고 서로 눈치 보는 환경을 조성한다면 혁신에 참여하고자 하는 직원들의 의욕을 꺾는 주요 요인이 된다. 원만한 의사소통 환경을 만들어 내기 위해서는 다음과 같은 리더의 자세가 필요하다.

안전한 의견표출 환경조성을 위한 리더의 자세

— 직원들에게 의견표출의 기회를 제공하고 직원들의 의견을 기업 경영에 활용하는 적극적인 모습을 보여준다.
— 다른 관점에서의 의견을 제기하는 직원들을 칭찬해주고 그들의 능력을 인정하는 표현과 적절한 수준의 포상을 공개적으로 해준다.
— 항상 회의를 시작하기 전에 어떠한 의견을 표출해도 좋다는 점을 분명히 함으로써 그것을 당연한 사실로 받아들이게끔 만든다.
— 리더들이 점심 식사시간을 이용해 직원들과 사적인 수준에서의 편안한 대화를 나누는 기회를 자주 갖는다.
— 승진을 하거나 중요한 임무를 맡게 된 직원이 있는 경우 해당 직원이 창의적인 아이디어를 창출하고, 수용하고, 추진함에 있어 얼마나 적극적인 태도를 보였는지에 대하여 다른 직원들에게 얘기를 해준다.
— 임직원들이 서로간의 친목을 도모할 수 있는 기회를 만든다.

기사출처 : The FedEx Way, 239쪽

제5장

넘어야 할 산, 건너야 할 강

사실은 많은 군 내부 인력이 변화를 거부하기보다는 제대로 된 변화를 원하고 있다는 것이다. 그동안 있었던 많은 변화의 시도들이 지속적이지 못하고 일회성 행사에 가깝게 시행되었다. 이제는 '하려면 제대로' 그리고 '하나를 하더라도 올바르게' 하는 혁신활동이 필요함을 주장하는 목소리를 들을 수 있다.

1

6시그마 성공가능성과 넘어야 할 산

창의적인 인재 한 명이 1,000명을 먹여 살린다는 모 기업 회장의 이야기를 빌지 않더라도 어느 조직에서나 인재가 가장 중요한 자산이라는 것은 누구나 아는 사실이다. 이러한 추세에 뒤처지지 않고 공군에서도 혁신활동의 중추적인 역할을 할 혁신 전문가를 양성하는 과정이 계속 이어졌다는 것은 다행한 일이다. 뿐만 아니라 공군의 이러한 혁신 역량이 향후 3군 전체로 식스시그마를 적용한 군 혁신이 한 단계 도약하는 데에 가교가 될 것이라는 데에 더욱 큰 의미가 있다고 본다.

2007년 8월 1일부터 시작하여 약 4개월간 공군 리더십센터에서 주관하여 이끌어 온 식스시그마 Black Belt 과정은 공군 혁신활동에 대하여 많은 것을 느끼게 한 좋은 기회였다. GB 과정을 이수한 인력 중 각 부대에서 선발된 예비 혁신 전문가 36명을 대상으로 BB 교육과 프로젝트 지도를 하면서 공군 혁신활동의 성공 가능성을 보았으며, 또 한편으로 군이라는 특성 때문에 어떻게 할 수 없는 여러 가지 장애물도 드러나게 되었다.

공군에서 전개되고 있는 혁신활동은 식스시그마 외에도 많이 있다. Rainbow Project, Soaring Eagle, 7S 활동, 혁신과제 추진, 3대 악습 철폐, QC활동, 제안 제도 등등 군 전체적으로 수행되고 있는 활동과

각 비행단 및 정비창에서 자체적으로 진행되는 활동을 모두 나열하자면 아마 열 손가락이 모자랄 것이다. 또한, 위와 같은 한 문제해결 위주의 혁신활동 외에도 성과관리 위주의 혁신활동으로 BSC를 추진하고 있는데, 이 모두를 한꺼번에 추진하면서 각 활동의 범위와 역할이 정확히 교통정리 되지 않다 보니 많은 사람들이 혼란스러워 하고 있는 것이 현실이다.

어느 조직이던 혁신활동을 성공적으로 수행하기 위해서는 각 혁신 방법론이 가진 특징을 살펴서 장·단점을 분석한 다음 우리 조직에 맞는 최선의 방법을 선택한 후 이것을 우리 조직의 문화에 맞게 커스터마이징(Customizing) 하는 과정이 필요하다. 물론 커스터마이징은 고객의 요구에 의해서 제품이나 물건을 고객이 원하는 대로 만들어 주는 것이다. 일종의 맞춤 서비스다. 한 가지 다행스러운 점은 방침관리, MBO 등으로 발전해 온 성과관리의 활동은 BSC로 거의 수렴되고 있으며, QC 활동이나 TQC, TQM 등으로 진화해 온 문제해결 활동은 6시그마로 통합되고 있다는 점이다. 또한, 이 둘의 활동은 BSC가 KPI 지표를 통하여 조직이 나아가야 할 방향과 목표, 그리고 현재의 위치를 제시하는 바로미터 역할을 한다. 또한 프로젝트 수행을 통해 목표 달성의 구체적인 방법을 제시한다는 점에서 상호 보완적이므로 궁합이 잘 맞기까지 한다.

이러한 이유로 최근에는 국내의 대부분의 대기업뿐만 아니라 국가기관 및 공공기관들까지도 조직이 비상하기 위한 수단으로 BSC와 식스시그마를 양 날개로 삼고 있다. 어느 조직에서나 혁신활동을 선도하는 책임부서의 담당자들은 효과적이고 검정된 혁신방법론을 도입하기 위하여 많은 검토와 고민을 하는데 이러한 측면에서 지금 공군의 상황은 한 가지 큰 고민은 덜게 된 셈이다.

'07년 공군 6시그마 Black Belt 과정'을 지도했던 한국표준협회는 공군의 가능성에 대해 상당히 긍정적인 평가를 내렸는데, 그 배경은 다음과 같다.

첫째, 어떻게 해서든지 맡은 일은 해낸다는 강한 책임감이다

물론 군이라는 조직을 이야기할 때면 의례적으로 하는 이야기 중 하나이지만, 일반 기업에 비해서 장점으로 꼽을 수 있는 중요한 요소임에는 틀림이 없다. 짧은 교육시간과 많지 않은 지도 횟수에도 불구하고 대부분의 교육 대상자들이 자신의 프로젝트를 열심히 수행했고, 민간기업의 일반적인 프로젝트 완료율 70~80%보다 훨씬 높은 완료율을 기록한 것은 강한 책임감이 없었다면 어려웠을 것이다.

둘째, 장교들을 비롯하여 부사관, 군무원 모든 계층에서 우수한 인력들이 두텁게 포진하고 있다

이는 2006년 공군 교육사에서도 인상 깊게 느낀 것이다. 많은 교육생들이 교육 시간에 이야기를 하지 않는 내용과 기법들까지도 스스로의 필요에 의해 책을 찾아 공부하고, 전문가를 찾아 해법을 구하여 문제해결에 활용하는 사례를 보았다. 이는 민간 기업에서도 이러한 사례를 보기는 했지만, 공군에서처럼 많이 찾아보지 못한 것이 사실이다.

셋째, 변화에 대한 필요성을 대다수가 공감하고 있다

어떻게 보면 군이라는 조직을 굉장히 정체된 조직으로 이해하기 쉬울 것이다. 그리고 처음에는 그렇게 느껴지기도 했다. 하지만 지난 교육과정을 통해 확인하게 된 사실은 많은 군 내부 인력이 변화를 거부하기 보다는 제대로 된 변화를 원하고 있다는 것이었다. 그 동안 있었던 많은 변화의 시도들이 지속적이지 못하고 일회성 행사에 가깝게 시행되었고, 그 방법에 있어서도 단기간에 성과를 창출하기 위해 충분한 검토 없이 실행되면서 많은 시행착오가 있었음을 토로하면서, 이제는 "하려면 제대로" 그리고, "하나를 하더라도 올바르게" 하는 혁신활동이 필요함을 주장하는 목소리를 많이 들을 수 있었다.

넷째, 공군의 변화를 가속화할 젊은 층이 비교적 많다는 점이다

민간 기업의 경우 IMF 이후로 10여 년 동안 신규인력 채용이 거의 정체되어 평균 연령이 40대 중반을 넘는 기업이 많고, 30세 전후의 신입사원은 찾아보기 힘든 것이 현실이다. 이점을 볼 때 공군의 상황은 이에 비하면 아주 유리하다고 볼 수 있다.

지금까지는 장점에 대해서 살펴보았다. 이러한 장점에 반해서 변화에 장애물 또한 만만치 않게 깔려 있다.

첫째, 조직구조 및 인력운용의 경직성

혁신활동을 충실히 전개하기 위해서는 전담조직을 설치하고, 필요한 만큼의 충분한 인력을 배치해야 하는데 군에서는 이러한 부분이 너무 어렵다. 기존의 조직도에 없는 조직을 신설하는 것은 물론 필요한 인력을 뽑아서 활용하는 것도 미리 계획된 사항이 아니면 거의 불가능에 가깝다. 또한, 추진 담당자를 두고 업무를 맡겼어도 장교의 경우 전문가의 수준에 올라도 곧 순환보직 제도에 따라 자리를 옮겨야 한다. 6시그마 활동이든 아니면 다른 어떤 활동이든 조직 내에서 한 가지 혁신활동이 정착되기 위해서는 최소한 3~5년의 시간이 필요하다. 따라서 이 기간 동안 책임감 있게 활동을 전개할 조직을 마련해 주지 못한다면, 6시그마 활동 또한 일회성 행사의 굴레에서 자유롭지 못할 것이다.

둘째, 평가 제도와 관련된 것으로 Belt System을 인사제도와 연계하여 추진하기가 어렵다

6시그마 활동이 정착되려면 Belt 자격을 인증 받고 지속적으로 프로젝트를 수행하면서 자격을 유지하는 것이 필요하다. 이러한 활동이 원활히 운영되려면 Belt 자격에 대한 인사평가 시 가점부여 등 인사제도와의 연계가 필수적이다. 또한 인사제도와 연계를 하기 위해서는 기존의 인사평가 시스템의 신뢰성도 높아야 한다. 만약 Black Belt 자격을 받아도 개인의 업적평가나 진급 심사에서 제대로 반영되지 못하고 아무 자격이 없는 사람이 상관과의 친분에 의하여 평가를 더 잘 받는 일이 자주 발생하면 곤란하다. 제도 자체가 무용지물이 될 수 있기 때문이다.

셋째, 보수적인 조직문화와 부서 이기주의

혁신활동이 성공하기 위해서는 많은 성공사례를 발굴하고 내부에 혁신 전문가와 전도사를 키워 소위 '영웅'을 많이 만들어야 한다. 그런데 군의 특성상 튀는 사람을 좋아하지 않는다는 것이 문제이다. 또한 효과가 큰 프로젝트를 수행하기 위해서는 한 부서에 국한된 문제가 아니라 여러 부서에 걸친 복잡하고 어려운 문제점을 개선해야 한다. 이를 위해서는 부서간의 협조가 원활하게 이루어져야 한다. 하지만 많은 경우에 있어 부서간의 협조가 합리적인 방법으로 이루어지기 보다는 각 부서 책임자의 계급과 서열을 비교하여 그 결과에 따라 자기 부서의 일마저도 타 부서로 떠넘기고 알아서 하라는 식으로 처리되는 경향이 있어 효과적인 프로젝트 수행에 걸림돌이 되고 있다.

2

6시그마 정착 및 성패의 갈림길

6시그마는 도입이 문제가 아니라 완성하는 것이 중요하다. 그러므로 최고 경영자가 6시그마 도입을 승인한다는 것은 다음과 같은 역할을 수행하겠다는 약속이기도 하다.

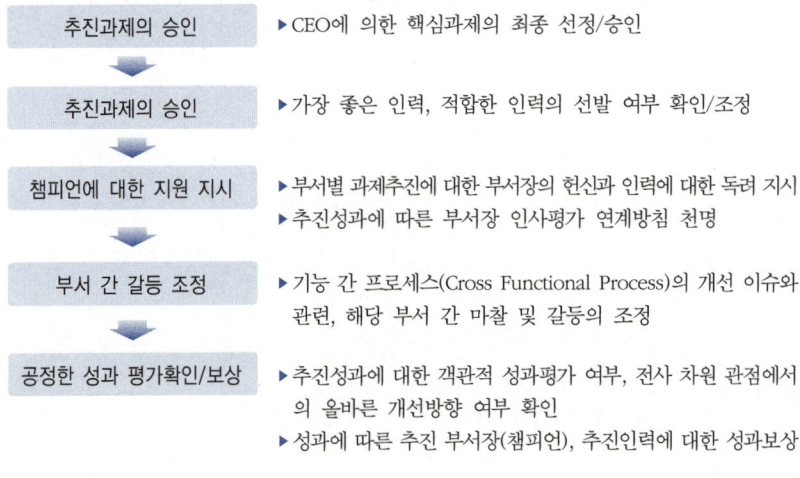

6시그마는 단기적 성과가 아닌 기업의 체질을 바꾸는 일, 즉, 조직의 문화를 바꾸어 6시그마를 생활화 할 수 있는 환경을 조성할 수 있는가 하는 점이 성공여부를 가늠할 수 있는 중요한 척도이다. 6시그

우리 사회의 티핑 포인트

최근 우리 사회의 전반적인 화두는 단연 '혁신'이다. 그러나 혁신을 주도하는 리더의 의지와는 달리 혁신의 불꽃은 좀처럼 조직 전체로 불붙지 않고 있는 것 같다. 이러한 시점에서 티핑 포인트의 이해가 필요하다. 티핑 포인트의 매력은 우리의 행동 하나하나가 어느 순간 거대한 변화의 물결을 이루어 낼 수 있다는 사실이다.

유행의 출현, 범죄의 증감, 책이나 영화의 갑작스러운 열풍, 입소문 등 매일매일의 삶에서 뚜렷이 목격할 수 있는 신기한 변화들은 바이러스처럼 전파(전염) 된다. 최근 심형래 감독의 S.F 영화 '디 워'의 열풍도 전염의 일종이다. 영화 자체의 완성도만 갖고서는 설명되지 않는 관객 동원의 배경에는 전염이라고 하는 사회적 현상이 있다.

전염이라고 하면 독감이나 에이즈 또는 에볼라 바이러스와 같이 대단히 위험한 것, 생물학적인 것을 상상하지만 자살이나 흡연 혹은 범죄나 패션에도 전염이 있으며 유행이나 여론도 바이러스처럼 전염된다. 우리는 엄청난 변화가 때로는 작은 일에서 시작될 수 있고 대단히 급속하게 발전될 수 있다는 가능성을 받아들일 필요가 있다. 이러한 갑작스러운 변화 가능성이 바로 티핑 포인트의 중심개념이다.

무엇이 뉴욕의 범죄율을 하락시켰는가? 1980년대 뉴욕에서는 연간 60만건 이상의 중범죄 사건이 일어났다. 그러자 줄리아니 뉴욕시장은 '범죄의 도시' 뉴욕을 안전한 도시로 만들기 위해 중범죄 사건의 온상으로 지목되어온 지하철 시스템에 수십억 달러를 투입하고 데이비드 건이라는 새로운 지하철 소장을 영입했다. 그는 "낙서는 지하철 시스템 붕괴의 상징이다." 라고 주장하면서 1984년부터 90년까지 지하철의 낙서를 지우는 작업을 실시했다. 또 지하철 경찰 당국에서는 무임승차·노상 방뇨·구걸 등 사소한 경범죄를 뿌리 뽑는 데 진력했다. 이러한 사소한 경범죄 감소 노력은 2년 후부터 중범죄 감소로 이어져 94년에는 절반 가까이 줄었다. 이후 75%나 중범죄가 급감해 현재 뉴욕은 미국에서 가장 범죄율이 낮은 도시 중의 하나가 됐다.

우리는 거창한 개혁과 혁신의 목표를 정해 놓고는 정작 목표를 향해 달려 나갈 개개인의 자세 또는 준비에 대해서는 언급하지 않고 그것은 당연히 개인이 알아서 할 몫으로 남겨 놓고 있다. 심적 준비, 개인 역량 구비, 조직에 대한 헌신 자세 그리고 개개인에 대한 명확한 평가와 피드백 등 개인의 자세로부터 결과에 이르기까지의 모든 것이 관리(control) 되지 않고서는 혁신이 달성되기 어렵다.

일류 사회, 일류 군대의 출범은 거창한 목표에 있지 않다. 평소 자신을 지배하는 좋은 습관의 형성, 그리고 그러한 사람들이 많아질 때 우리의 혁신은 가까이 다가온다. 지금 당장 자신의 주위를 둘러보았을 때 부끄러운 구석이 하나도 없다면 당신은 이미 성공을 향해 앞서가는 것이다. 우리 주변에는 깨진 유리창(하찮은 것처럼 보이는 문제)이 여기저기서 발견되고 이를 개선하기 위한 노력이 선행되지 않는 한 거창한 혁신은 일시적인 바람일 뿐이다.

혁신의 시작은 가장 가까운 곳에 있다.

(이 글은 필자가 2006년 국방일보에 기고한 글임)

마에 대하여 이해를 하고 단기적 성과가 나온 것으로 해서 명확한 전략과 체계적인 관리시스템이 뒷받침되지 않는다면 어렵게 형성된 토대가 무너지기 쉬운 위험이 따른다.

이때, '조직원이 능동적으로 혁신활동에 참여하는가? 6시그마 업무를 추가업무로 느끼지 않는가? 6시그마가 모든 업무에 적용되고 있는가?'에 대해 자발적인 의지에 의하여 모든 것이 이루어지도록 6시그마 티핑포인트를 제대로 만들어 가야한다. 티핑포인트는 급속하게 확산되는 임계점과 같은 것이다. 우리는 엄청난 변화도 작은 일에서 시작될 수 있고 대단히 급속하게 발전될 수 있다는 가능성을 믿어야 한다.

공군 군수사령부에서의 6시그마 성공사례를 분석해 보면 하버드 대학의 경영학 교수 존 코터(John Kotter)가 「변화의 리더(Leading Change)」에서 말한 조직 내 변화를 추진하는 강력한 8단계 프로세스와 거의 일치하고 있음을 보여주고 있다.

① 변화 이니셔티브와 관련해 위기감 조성하기
② 변화를 지원하는 지도부 구성하기
③ 변화를 이끄는 분명한 비전과 전략 개발하기
④ 변화 비전 전파하기
⑤ 직원들이 폭 넓은 활동을 전개할 수 있도록 힘 실어주기
⑥ 단기간에 가시적인 성과 획득하기
⑦ 이득을 통합해 더 많은 변화 창출하기
⑧ 업무에 대한 새로운 접근 방법을 조직문화로 승화시키기

위에서 살펴본 것과 같이 2004년 공군 남부전투사령부에서 최초로 시작한 6시그마가 주요 사령부에서 수년간에 걸쳐 추진되는 과정에서 보여준 장점과 단점을 바탕으로 향후에 6시그마 혁신활동을 성공적으

로 정착시키는데 필요한 몇 가지 강조사항은 다음과 같다.

첫째, 책임감 있게 혁신활동을 꾸려 갈 전담조직을 지휘관의 직속 기구로 설치하는 것이 필요하다

그 역할을 수행할 전담 인력은 그 동안의 군 혁신활동의 이력을 충분히 알고 있으며, 6시그마를 포함하여 민간기업의 혁신활동 기법에 대해서도 잘 아는 인력이면 더욱 좋겠다. 또한, 전담조직은 일시적인 조직이 아니라 상시적인 조직이어야만 담당자들이 책임감 있게 일을 할 수 있을 것이고, 근무 기간도 최소 3년 이상은 지속될 수 있도록 하여 혁신 업무의 연속성을 보장해 줄 수 있도록 해야 한다. 선진 기업의 경우 6시그마 블랙벨트 전임 실무자의 비율을 전체 직원의 3% 수준에서 지속 유지하고 있다. 뒤퐁의 CEO는 최고 리더십 구성원의 30%를 6시그마 기획과 구현에 처음부터 할애해야만 리더들의 활동 에너지를 보장해 줄 수 있다고 강조한 바 있다. 따라서 안정적인 전담 인력의 확보가 중요하다.

둘째, 인사제도와 연계한 적절한 평가/보상 체계를 구축하여야 한다

일회성의 포상만으로는 교육을 받은 혁신 전문가들이 지속적인 활동을 유지토록 하는데 한계가 있다. GE에서 시행하고 있는 것처럼 승진 자격을 얻기 전에 그린벨트, 블랙벨트에 상응하는 교육을 요구함으로써 6시그마가 단기에 그치지 않고 장기적으로 중요하다는 메시지를 전달해야 한다.

따라서 공정한 평가 절차를 거쳐서 Belt 자격을 취득하도록 하고,

취득한 자격에 대해서는 Green Belt, Black Belt, Master Black Belt 의 등급에 따라 인사 평가 시 가산점을 차등 부여토록 하는 제도를 시행하는 것이 필요하다.

셋째, 전략과 연계한 개선 프로젝트를 도출할 수 있도록 해야 한다

현재 공군이 추진하고 있는 BSC 활동은 전략적인 측면에서 우리 조직이 어디에 얼마만큼의 우선순위를 두고 업무를 추진해야 할지를 제시하게 될 것이다. 여기서 도출된 전략과제의 KPI 수준을 향상하기 위한 핵심 프로세스를 선정하고, 이를 개선하는 것을 프로젝트로 등록 한다면 지금처럼 교육에 입과 한 인력이 자기중심적인 사고에서 프로 젝트를 도출하는 일은 줄어들 것이다.

넷째, 사전 및 완료 프로젝트 검정 과정을 강화해야 한다

사전 프로젝트 검정은 도출된 프로젝트에 대해서 과제의 범위와 개 선 목표를 평가하여 개선의 가능성과 기대효과가 충분한 프로젝트가 등록될 수 있도록 제도화하자는 것이다. 또한 완료 검정은 프로젝트가 충실히 수행되고 기대한 만큼의 효과가 발생하였는지를 FEA 검증 등 을 통하여 체계적으로 확인하는 것이다.

특히 공군의 경우에는 개선안을 시행하고 표준화하는 과정에서 상 급부서나 지휘관의 동의가 필요한 사항이 많으므로 완료 프로젝트 검 증의 과정에서 관련 상급부서의 책임자와 지휘관이 함께 참석하고 내 용을 검토하여 필요한 의사결정이 신속히 이루어 질 수 있도록 하는 제도적 장치도 함께 요구된다.

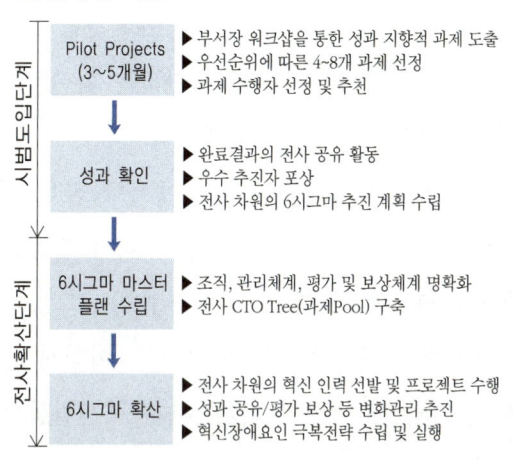

Type1. 6시그마 혁신에 대한 의구심이 큰 기관

다양한 산업과 기업에서 그 성과가 검증 되었음에도 불구하고 여전히 6시그마의 도입에 의구심을 가진 조직은 많습니다. 위와 같이 조직 내의 의구심을 불식시키기 위해서는 시범도입을 통해 그 성과를 증명하는 것이 가장 바람직합니다. 성과 창출 이후 최고경영자의 후원 아래 6시그마 마스터플랜 등 인프라를 구축하고 본격적인 6시그마 경영혁신을 추진하되 혁신의 장애요인을 발굴하고 이에 대한 대응전략수립 및 실험을 병행·추진해야 합니다.

시범도입단계 / 전사확산단계

Pilot Projects (3~5개월)
▶ 부서장 워크숍을 통한 성과 지향적 과제 도출
▶ 우선순위에 따른 4~8개 과제 선정
▶ 과제 수행자 선정 및 추천

성과 확인
▶ 완료결과의 전사 공유 활동
▶ 우수 추진자 포상
▶ 전사 차원의 6시그마 추진 계획 수립

6시그마 마스터 플랜 수립
▶ 조직, 관리체계, 평가 및 보상체계 명확화
▶ 전사 CTO Tree(과제Pool) 구축

6시그마 확산
▶ 전사 차원의 혁신 인력 선발 및 프로젝트 수행
▶ 성과 공유/평가 보상 등 변화관리 추진
▶ 혁신장애요인 극복전략 수립 및 실행

Type2. 혁신에 대한 강한 의지로 전면적 도입 경우

▶ 전사 도입의 경우 통상적으로 8년 내 6시그마 자주적 추진을 목표로 추진 함
▶ 자주적 추진을 위해서는 전사원 10%에 해당하는 BB, 전사원의 20%에 해당하는 GB를 갖추고 있어야 함

벨트	규모	인원
MBB	1%	1명
BB	10%	16명
GB	20%	32명

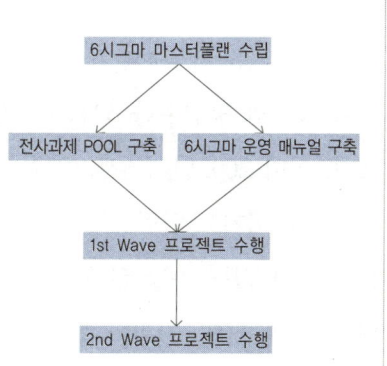

이 외에도 지휘관(챔피언)의 강력한 의지나 혁신 피로감을 극복하기 위한 적절한 변화관리 프로그램, 공군의 특성에 맞는 교육과정 개발 등도 중요한 사항이나 이에 대한 상세한 설명은 생략한다.

하나의 혁신활동이 조직 내에서 문화로까지 자리 잡는다는 것은 매우 어렵다. 하지만 어떤 혁신활동을 도입할 때에는 그 활동이 완전히

정착되어 생활화되는 것을 목표로 열심히 매진하지 않으면 안 된다. 더구나 중간에 중단하는 것은 아무것도 하지 않는 것보다 더 위험할 수 있다. 왜냐하면 하다가 중단하는 혁신활동은 혁신 피로감과 부정적인 시각만 키울 뿐이기 때문이다.

혁신활동을 실행하는 단계에서 가끔씩 이야기하는 3득(得)이라는 것이 있다. 어떤 새로운 것을 배워서 활용할 때에는 몸에 익고(체득-體得), 뼈 속에 사무치고(골득-骨得), 그것이 피 속에 흐르도록(혈득-血得) 까지 해야 한다는 의미이다. 이렇게 해야만 개개인과 조직 내에 혁신 DNA가 형성이 되어, 다른 혁신활동으로 전환을 할 때 이전에 배운 것을 잊어버리지 않고, 더 높은 단계로 올라갈 수 있는 밑거름이 될 수 있다.

미 육군(U.S Army)의 린 6시그마 현황

미 육군의 광범위한 6시그마 전개 활동은 2005년 말부터 시작되었으며, 이미 2002년에 6시그마의 도입이 검토된 이후로 소규모의 활동들은 이루어지고 있었다. 현재 미 육군의 광범위한 6시그마 전개 활동은 유래가 없는 가장 큰 규모로 전개되어지고 있으며, 전 세계적으로 130만명의 장병 전원이 참여하고 있다.

최초의 도입 영역은 탱크와 장갑차 부대였으며, 도입 배경은 9.11테러 이후 늘어나는 수많은 미션에 비해 재정적인 지원이나 인력보충이 없어 그에 대한 대안으로 민간영역에서 활발히 진행 중이었던 6시그마 활동에 관심을 가지게 되었고, 벤치마킹을 통해 군에도 적용될 수 있겠다는 확신을 가지고 시작하게 되었다. 당시에 미 공군에서도 성공적인 사례들도 6시그마를 도입하는데 큰 역할을 했다.

미 육군 사례 : Red River Army Depot(이하 RRAD)

RRAD는 미 텍사스 북동쪽에 위치한 기지로 1400개 공장형 빌딩으로 이루어져 있다. 주요 미션은 쿠웨이트, 이라크, 아프카니스탄에서 작전 중 손상된 대전차나 전투용 차량 등을 완벽하게 수리해서 전장으로 돌려 보내는 것으로 이러한 차량에는 험비(Humvee), HEMTT, 브레들리 탱크(Bradley Tank) 등이 있다.

고객 요구사항은 차량 수리 후 최대한 빨리 전장으로 보내는 것이며, 린 6시그마의 지속적인 개선 툴을 적용한 결과 험비(Humvee) 차량의 경우 이틀에 한대 수리에서 하루에 32대를 수리해 내는 놀라운 결과를 가져 왔다.

한 관계자에 따르면 2007년 5000대의 험비(Humvee) 차량을 완벽하게 수리해 낼 것으로 예상하고 있으며, HEMTT의 경우 수리시간을 130일 에서 30일로 줄일 수 있었다.

수리현장의 벽면에는 군인 복무 중인 직원 가족의 사진을 걸어 놓았으 며, 작업자에게 그들의 고객이 누구인지 수시로 주지시키고 있다고 한 다. 이 기지의 모토는 '우리가 만들어내는 것에 우리의 목숨이 달려있다.' 이다.

부대의 철학은 간단한데 '차량 수리 시간을 줄이면 줄일수록 비용이 줄 고, 줄어든 비용만큼 더 많은 돈이 우리 군을 지원하는데 쓰인다. 또한 차량수리에 드는 시간이 줄어들수록 군이 필요로 할 때 더 많은 차량을 공급할 수 있고 더 좋은 차량을 공급하면 수명이 더 길어져 결국엔 우리 군이 안전하게 돌아올 수 있게 할 것이다.' 이다.

RRAD의 절반 이상(약 1800명)의 인력이 기본적인 린 6시그마 교육을 수료했으며, 지난해 80명의 BB를 4주간의 교육을 통해 양성했고, 80명 의 GB를 2주간의 교육을 통해 양성했다.

린 6시그마의 효과는 괄목할만 한데 2002년부터 2006년까지 7천만 달 러의 비용절감 효과를 가져왔고, 그러한 비용 절감의 결과로 2006년 RRAD는 추가 비용 없이 65대의 험비 차량을 수리해 낼 수 있었다.

미 해군(U.S Navy)과 해병대(U.S Marine Corps)의 린 6시그마 현황

린 6시그마 도입 노력은 5년 전부터 이루어져 왔으며, Northrop Grumman과 TRW Automotive 라는 민간 기업에서 린 6시그마 전개 경험이 있었던 도널드 윈터 사령관이 해군의 사령관으로 임명되면서 2006년에 본격적인 전개활동을 시작하였다. 현재 30명의 MBB, 1,001 명의 BB, 4,221명의 GB를 양성하였고, 7900명의 Champion이 양성 되었다. 또한 온라인 WB 교육프로그램을 제공해 29000명의 장병이 온라인상에서 WB교육을 이수했다. 대략적으로 산출된 2006년과 2007년의 예상 재무효과는 4백 5십만 달러에 달해 투자대비 네 배의 수익을 올릴 것으로 내다보고 있다.

미 공군(U.S Air Force)의 린 6시그마 현황

미 공군이 올해 시작한 AFSO21(Air Force Smart Operations 21) 프로그램 안에는 린 6시그마와 전통적인 6시그마의 요소가 녹아들어 가 있으며, 그 외에 제약이론(TOC)과 BPR(Business Process Reengineering) 또한 포함된다. 400명의 GB, 110명의 BB, 13명의 MBB가 양성되었거나 현재 교육을 받는 중이며, 앞으로 추가적으로 50명의 BB와 50명의 MBB에 대한 교육 계획이 잡혀있다. 현재 사용 중인 PTS(Project Tracking System)에 따르면 65개의 프로젝트가 완료되었고, 128개의 프로젝트가 진행 중에 있다. 구체적인 재무효과에 대한 언급은 없었으나, 미 공군 대변인에 따르면 AFSO 21 프로그램안 의 툴과 방법론을 활용하여 군의 동일한 운영능력을 유지하면서도 4 만 명의 인원절감을 이루어 냈다고 말했다.

구분	육 군	해 군	공 군
도입 년도	2002	2002	2006
확산	• 2005년부터 전 부대	• 2006년부터 전 부대	• 2007년부터 시범운영
전문가 양성	• MMB : 15명 • BB : 446명 • GB : 1,240명	• MMB : 15명 • BB : 446명 • GB : 1,240명	• MMB : 15명 • BB : 446명 • GB : 1,240명
프로 젝트 수행	• 완료 : 1,069명 • 진행 : 1,681명	• 완료 : 131명 • 진행 : 167명	• 완료 : 65명 • 진행 : 128명
재무 성과	• 7천만 $비용절감 (2005~2006)	• 450만 $비용절감 (2006)	• 40명 인원 감축 (2007)
적용 사례	• 시범기 : 탱크/장갑차 정비 • 확산기 : 육군 전체업무	• 시범기 : 정비분야 • 확산기 : 해군 전체업무	• 시범기 : 항공기 정비

출처 : Isixsigma Magazine, '07. 9/10월호

나가기

6시그마를 받아들인다는 것은 전사가 싸움터에서 새로운 무기로 무장하고 상대방과 싸우는 것과 같다. 6시그마는 자동차 마니아에게는 최신형 스포츠카이며, 무엇인가 꿈을 꾸고 있는 사람에게는 그가 바라는 그 무엇이 될 것이다. 6시그마 프로젝트를 해본 사람들은 대부분 초기의 막연한 두려움과 어리석음을 후회했고, 동시에 요술방망이 같은 도구를 손에 쥐게 됨을 기뻐하지 않는 사람이 없다.

사람은 복잡한 것 같아도 단순하다. 두려움으로 거부했던 것들도 한 번 경험하고 나서 마음에 들기 시작하면 주저함이 없이 그것에 탐닉하게 된다. 그만큼 6시그마는 치명적인 매력과 강점을 가졌다. 잭 웰치가 아니더라도 누구나 충분히 조직의 DNA를 바꿀 만하다.

그것은 6시그마가 단순한 통계학이 아니고 경영기법만도 아니기 때문이다. 그것은 철학이며 리더십이며 커뮤니케이션 수단이다. 즉 우리의 모든 활동을 지배하는 문화이기 때문이다.

이 책에서 6시그마의 상세한 적용 방법을 다루지 않은 것은 그 만큼 6시그마 자체를 두려워할 이유가 없다는 것을 나타내고자 함이었다.

그러나 이제는 오히려 6시그마를 우습게보고 준비를 게을리 해 낭패를 볼까 두렵기도 하다. 이미 2장에서 얘기했지만 2004년 공군에서

6시그마를 도입 후 5년이 지난 지금까지도 공군 전체 조직에서 시행되지 못하고 있음을 간과해서는 안 된다. 오로지 6시그마를 대할 때 에베레스트산이라도 정복하겠다는 도전적인 자세로 임해야 한다. 또 누가 시켜서가 아닌 주도적으로 받아들인 리더들에 의해서만 공군의 6시그마가 명맥을 이어가고 있다. 실천은 언제나 저항을 넘어야 했으며, 주위의 냉소는 견디기 어렵지만 오기를 부리게 만든 자극이 되었다. 그 힘에 기대어 민들레 홀씨가 많이도 퍼졌지만, 아직도 꽃다운 꽃으로 대접받기는 멀었다. 그러나 한 번 퍼진 그 씨앗은 사라지지 않음을 나는 믿는다. 언젠가는 5년간 퍼져간 6시그마 씨앗이 전 공군 조직에서 꽃피우고 모든 기관의 벤치마킹의 대상이 될 수 있도록 훌륭한 리더가 나타날 것을 고대하고 있다.

3장에서 말했듯이 6시그마를 시행하면서 얻어진 것은 6시그마를 도구처럼 잘 다루는 기술이 아니라 '바람직한 문화'였다. 특히, 어느 조직보다도 폐쇄적이고, 경직된 군대문화조차도 변하도록 만들고 있다. 이제는 군 내부의 모습과 목소리를 외부로 드러내어 군의 실상을 정확히 알리고 군과 사회의 정상적 관계의 회복이 필요할 시기가 되었다. 국방과 안보의 문제에 있어, 그리고 삶의 조건과 질을 개선하기 위해 해답을 얻는 과정에서도 외부와의 자연스런 의사소통이 가능하도록 하는 것이 군 문화의 나아갈 방향이다. 6시그마의 도입은 이를 가능하게 해준다는 것을 보여주었다. 그리고 우리가 바람직한 조직을 만들어가지 못하는 것은 무엇보다 최고의 자리에 서 있는 최고 경영자의 몫이라는 것을 인정해야 한다. 혁신을 가로막는 제일의 원인이 경영진의 리더십과 업무방식에 있다는 것을 겸허히 받아들여야 한다. 동시에 조직 구성원은 급변하는 사회변화에 동참할 마음의 자세를 완벽히 갖쳐야 한다는 것을 잊어서는 안 된다. 지금이 바로 먼 길을 가기위해 모두가 신발 끈을 고쳐 매어야 할 순간임을 받아들여야 한다. 국내의 일류 기업이 10년 이상 6시그마를 적용해오고 있고, 바로 군과 같은 조직의 특성을 태생적으로 내재하고 있는 공공기관의 경우도 좋은 샘플이 될 수 있다는 것을 지나쳐서는 안 될 것이다.

6시그마의 적용과정에서 부산물처럼 얻어진 바람직한 조직문화는, 동시에 6시그마를 성공적으로 정착시키기 위한 전제조건이기도 하다. 무엇보다 한국 사회에서 극복하기 힘든 남성위주의 사회 속에서 뿌리를 내린 카리스마적 리더십이 우선적으로 수술의 대상이어야 한다. 현재는 감성리더십이 절대로 필요한 시기이며, 그 중에서도 모성 리더십은 저항감 없이 받아들여 효과성을 발휘할 가치를 충분히 지닌다고 믿는다. 모성 리더십이 제대로 확립될수록 6시그마의 실행과 그에 따른 효과는 더욱 배가 될 수 있다고 믿는다.

그러나 아무리 중요한 것도 실행에 초점을 맞추지 않는다면 모든 것이 허사다. 실행에 대한 리더들의 개념을 바꾸어야 한다. 실행은 계획수립의 중요성에 못지않게 중요한 리더의 책임이며, 실행을 통해서만 바람직한 문화가 명맥을 이어 나갈 수 있기 때문이다.

나는 캠페인을 혐오한다. 캠페인을 남발하는 지도자에게는 신뢰를 보낼 수도 충성을 다할 필요도 없다는 것을 모든 사람에게 떠들며 알리고 싶다. 이제까지 그래왔던 많은 선배 지도자들의 실패와 허구까지도 파헤치고 싶다. 그동안 우리는 속는 줄 알면서도 그냥 따라주는 것이 우리의 미덕이며 문화라고 생각했다. 이제는 속아 줄 시간도, 머뭇거릴 시간도 없을 정도로 급하고 가야할 길이 멀다. 멀고 험한 길을 가기위해 우리가 준비해야 할 것은 많은 짐, 많은 식솔들이 아니다. 오히려 짐은 줄이고 꼭 필요한 사람으로 제한하고 체력을 준비하는 것이다. 보이지 않는 미래를 도전과제로 남겨놓은 사람들은 실력을 갖춘 인재를 모으고 그들과 마음과 뜻을 같이할 수 있도록 레포를 형성해가는 것뿐이다.

6시그마는 문화다. 우리는 모두 '가슴이 있는 문화' 속에 머물고 싶어 한다. 정작 돈이 만능인 것처럼 삭막하게 변해가는 사회 속에서도 돈보다는 자신을 알아주고 자신에게 관심 써주는 사람이 머물고 있는 조직에 자신이 속하고 싶고 훌륭한 리더와 함께 하고 싶어 하는 것이다. 그것이 인재들의 진정한 바람이라는 것을 최고 경영자들, 지도자들이 알았으면 한다.

래리 보시디의 '실행에 집중하라'는 모든 잘못을 부하들에게 돌리곤 했던 최고경영자들의 책임을 피부에 와 닿도록 깨닫게 해주었다. 6시그마 역시 성과부족의 원인이 부하직원에 있기보다는 경영진에서 해결해야 될 것이 대부분임을 과학적으로 증명했다. 리더의 무한책임만을 말하고자 하는 것이 아니다. 그러나 많은 사례를 통해서 볼 때, 평범하게만 보였던 그들이 훌륭한 리더들 속에서 얼마나 훌륭히 능력을 발휘할 수 있는지 그리고 그러한 자신들의 모습을 보며 대견해 하고 있는 지를 리더들이 깨닫는 기회가 되기를 바란다.

아직도 내 주변에서 여전히 도전을 즐기고 있는 많은 분들을 보고 있는 것 또한 다행스러운 일이 아닐 수 없다. 내 가슴에 끊임없이 도전의 불꽃을 살릴 수 있도록 해주는 많은 분들을 머릿속에 떠오르면서 나는 그것도 6시그마의 덕분이라고 생각한다. 그만큼 6시그마는 생활이며 문화이다.

처음 이 책을 내려고 생각을 했을 때, 한줌의 지혜라도 남겨보겠다는 것도 주제 넘는 생각이라는 것을 깨닫게 되었다. 그런 표현을 사용했다는 것 자체가 익은 벼 이삭 한줌도 안 된다는 생각에 미치니 부끄러움에 가슴이 죄여온다.

다만 독자의 용서를 구하며 필자의 순수한 마음을 받아 주길 빈다.

군(軍)과 모성 리더십

1

서 론

우리는 리더십을 통해 변화와 발전을 희망한다. 그러나 시대의 변화, 리더십 환경의 변화는 우리에게 리더십에 대한 패러다임의 전환을 우선적으로 요구하고 있다. 즉, 정보화, 세계화, 민주화, 네트워크구조화 등 21세기 지식정보화 시대로 대표되는 급진적 변화는 모든 조직에 대해 전통적인 방식과는 다른 새로운 리더십을 요구하고 있다. 그러나 전환기의 새로운 리더십에 대한 요구는 이러한 외부의 가변적 환경요인에 의해서만 제기되는 것은 결코 아니며, 리더십에 있어서 본질이라 할 수 있는 조직 구성원의 성향과 보다 밀접한 관계가 있음을 주목할 필요가 있다(김대규, 2003).

그 이유는 우리 군이 새로운 리더십 패러다임으로의 전환이 필요하다는 공감대를 형성하고 여러 대안적 리더십의 실제 적용 노력을 기울임에도 불구하고, 실무부대 리더, 구성원들의 행동 변화가 늦어지고 있는 이유가 구성원들에 대한 충분한 이해 부족과 너무도 다양한 리더십 개념들로 인한 혼란일 수도 있기 때문이다. 최병순(2007)이 지적한 바와 같이 새로운 패러다임으로 제시한 리더십들은 매우 복잡한 존재인 인간들로 구성된 복잡한 조직을 효과적으로 관리하는데 요구되는 리더의 역할을 제대로 제시 못하고 있다. 그런 점에서 리더들의 실행력을 높일 수 있는 구체적인 방법론을 제시하는데 부족한 면을 가지고 있다. 따라서 새롭고 다양한 리더십 패러다임의 수용 못지않게 사회의 변화와 군 구성원들의 특성에 부합하며, 실무부대 리더들에게 직관적으로 이해와 적용이 용이한 현장 중심의 리더십 개념의 제공이 필요하다.

현재 우리 군 구성원의 대부분을 차지하고 있는 병사와 초급간부는 70년대 이후에 출생한 이른바 N세대, 또는 Na세대[1]이다. 이들 신세대의 특징은 집단과 단체정신을 강조하는 군의 가치관과 상충되는 특성을 갖고 있어 일찍부터 군 리더십을 연구하는 사람들의 주요한 관심이 되어왔으며, 그러한 특성을 고려한 리더십 형태로 인본주의적, 변혁적, 서번트 리더십 등을 제시하고 있다.

그러나 이 중 어느 한 가지의 패러다임만을 적용한다면 리더의 역할을 보다 명확히 살펴보기에 분명 한계가 있을 것이다. 왜냐하면 실무부대 지휘관은 군 조직의 목표 달성을 추구하며 이를 위해 구성원의 자발적 참여를 이끌어내는 동시에 그들의 의식주는 물론 자기발전, 나아가 그들을 장차 사회의 리더로 육성해야 하는 다양한 책임을 가지기 때문이다. 또한 일부에서 지적하듯이 신세대 병사들의 부정적 특성에 기인한 군생활 부적응, 사고예방이 지휘관의 주요한 관심사가 되면서 군 리더십 연구의 방향이 일상적인 관리 및 감독의 문제로 축소되고 있는 부분도 있으며(강병희, 2007), 인본주의 리더십도 한편으로는 단순히 장병의 기본권을 보장하고 상호 존중하는 것으로만 이해되고 있는 것이 사실이기 때문이다(김용주, 2006).

이에 본 연구에서는 단순히 신세대 장병의 특성에 맞추거나 그들의

---

1) Na세대 : 학자들은 M세대를 대략 1977-1997년 사이에 출생한 베이비붐 세대의 2세대들로, 대부분 디지털 환경에서 자라게 된 인간들을 지칭하는 용어이며, '나'를 강조한다고 해서 '나(Na)' 세대로 부르기도 한다(조선일보, 2005).

권리를 보장하는 차원의 개념을 넘어서 대다수의 부하장병들이 신세대인 실무부대 지휘관에게 주어진 다양하고 복잡한 책임들을 효과적으로 수행하는데 유용할 수 있는 리더십 개념으로 '모성 리더십'을 제시하고자 한다. 모성 리더십은 전통적으로 통제, 감독, 경쟁을 중시한 가부장적이고 권위적인 남성적 리더십에 대한 새로운 리더십 개념으로 여성적 또는 모성적 가치에 그 기반을 둔다. 더불어 자발적 동기부족, 구성원 계층 간의 차이를 보완하며, '돌봄'의 인본주의적, 교육적 가치와 섬세함, 책임성 등을 포괄하며, 복합적인 리더의 역할을 확인할 수 있는 다양한 패러다임을 포함하는 개념이다. 이러한 개념은 매우 최근에 등장한 리더십의 형태로써 그 이론적 배경이 취약하다(강경자, 2006). 또한 모성과 리더십의 연결에 관한 고찰도 크게 이루어지지 못한 상태이다.

따라서 본 연구에서는 '모성'에 대한 고찰보다는 기존의 여성적 리더십(feminine leadership)[2]의 이론적 바탕과 함께 여성성과 구분되는 모성적 가치에 근거하여 모성 리더십을 개념화하고, 주요 요인들을 도출하고자 한다. 또한 이러한 모성 리더십에 기반한 실제 부대 지휘관리 사례를 연구자 경험사례를 통해 살펴봄으로써 군 실무부대의 적용 가능성, 효과를 확인하고 모성 리더십이 가지는 합의점과 발전 방향에 대해 논의하고자 한다.

---

2) 여성적 리더십(female leadership)은 리더의 성별과는 별개로 포용성, 보살핌, 감수성, 유연성 등 '여성성'을 특징으로 하는 리더십으로 세계화, 정보화시대의 효과적 리더십 모형으로 제시되고 있다.

2

모성 리더십

모성적 가치의 필요성

일반적인 조직과는 달리 군은 조직목적의 절대성, 권위적 위계질서, 강력한 응집력에 토대를 둔 집단성, 강제성 및 규범성 등의 특성을 갖는다(문형구, 2007). 그러나 이러한 특수성을 고려하더라도 이제는 더 이상 전통적인 리더십 패러다임으로 볼 수 있는 헤드십(headship), 매니저십(managership)3)이 유용하지 못하다는 것은 주지하는 바다.

이에 군에서 관심을 갖는 최근의 리더십 이론들은 공통적으로 인간적 측면에 초점을 맞추어 신뢰, 인정과 배려 그리고 참여를 촉진시키는 인본주의적 리더십을 발휘할 것을 주장하고 있으며(최병순, 2007), 공통적으로 리더의 자기희생을 중요한 리더역할 행동으로 공감하고 있다(김진호, 2005). 이러한 최근의 이론들이 제시하는 리더십의 특성은 분명하게 지난 시대를 지배했던 위계, 강인함, 통제, 권위적 지배, 효율성 등 남성적 특성 보다는 보살핌, 배려, 감정이해, 대인관계의

---

3) 헤드십(headship)이란 권한에 입각한 리더십이다. 구체적으로는 부하에게 명령과 지시를 하고 이에 따르지 않는 사람에게 주의를 주고 야단치며 처벌을 하는 활동을 말한다. 매니저십이란 관리에 입각한 리더십이다. 부하가 효율적으로 일을 할 수 있도록 계획을 명확히 세우고 부하의 능력과 적성 등을 고려하여 이들에게 맞는 일을 제대로 맡기는 능력이다.

민감성, 따뜻함, 집단이익의 중시, 개방성 등과 같은 모성으로 표현되는 특성(원성수, 2005)에 가깝다.

그러나 단순히 모성의 특성이 신주류 리더십의 요소들과 공통점을 가지고 있다는 점 외에도 우리가 모성에 주목해 볼만한 이유가 있다.

군 리더와 모성의 역할

이재윤(2006)은 군 리더십의 특수성을 '통합과 전방위의 리더십'이라고 요약하고 있다. 즉, 군 리더십은 각양각색의 하부집단 및 상황, 특히 전장에서의 생사의 갈림길인 극한 상황에 대처하여 서로 모순되는 극단적인 방법까지도 구사해야 할 절대적인 필요성이 요구되기 때문에 강직과 유연, 엄격과 관용, 신중함과 단호함, 솔직함과 기지, 상벌 등의 상극적인 요소를 적절히 조화시켜 상황에 맞게 행사되어야 한다. 또한 군 리더십은 복잡하고 다양한 여러 업무를 한꺼번에 처리해 나가지 않으면 안 된다. 부하들의 의식주는 물론 사생활까지도 관심을 가져야 하며, 부대의 작전, 교육훈련, 행정, 통신, 군기 등을 모두 다 동시에 진행시켜 나가야 하는 전방위의 리더십인 것이다.

가족 내의 어머니의 역할도 이러한 군 리더 다양한 역할 특성과 많은 공통점을 지니고 있다. 어머니는 자녀들을 건강하고 훌륭한 사회인, 행복하고 성공적인 인생을 사는 인격체로 키워내는 역할 이외에 가족의 대표자, 의사결정자 자녀들의 멘토이자 코치 등 모든 일을 총괄하는 리더로서의 책임을 감당하고 있다. 가족 구성원의 생활 중에서 어느 한곳 어머니의 손길을 필요로 하지 않는 곳이 없다. 자녀를 양육하면서 자녀의 인격과 생활태도, 신념, 가치관 형성에 중요한 영향을 미치며, 자녀의 사회화 과정에 있어서의 대행자, 인생의 교사 역할 뿐만 아니라 교량적 역할(아버지와 자녀, 형제간, 가정과 사회와의 교량적 역할), 자녀의 건강, 위생 담당자의 역할을 담당한다(신은숙, 1983). 때문에 이러한 중요한 역할을 훌륭하게 수행하기 위하여 어머니는 폭넓은 전문적 지식과 기술의 소유자여야 한다. 즉 영양학자, 소아과 의사, 심리학자, 사회학자, 영리한 구매자, 예산 편성자이어야 하며 철학자, 교육자 심지어는 경찰관의 역할까지 담당하여야 한다(신은숙, 1983에서 재인용).

이렇듯 군 리더와 가족 내의 어머니가 그 역할을 효과적으로 수행하기 위해서는 다양한 역량이 요구되며, 이를 뒷받침하기 위해 다양한 패러다임으로 조직을 이해할 필요가 있다.

N세대 장병의 특성과 모성

N세대 장병의 등장은 전통적인 군 리더십에 대한 심각한 도전이 되었다. 군 입대 전부터 신세대들은 부모, 교사, 사회관습과 제도에서 비롯된 권위를 인정하려고 하지 않는 사고방식과 생활습관이 보편화되어있다. 그들은 평등주의적 가치관을 추구하며 일방적 지시, 명령에 대한 거부반응을 보임으로써 권위주의를 최대의 적으로 생각하고 있다. 따라서 그들은 권위에 찬 상급자나 부모보다는 친구와 같은 상관을 원하고 있다.

또한 신세대들의 개인주의적 성향과 강한 자기표현, 타인에 대한 기본적인 배려나 예절 부족으로 인한 갈등요인의 증가, 참고 견디는 인내력과 정신력의 부족은 자살, 구타 등 군 내 악습사고로 많이 나타나고 있다. 반면, 자기성취에 대한 욕구와 비교적 합리적 사고 그리고 도전의식이 강하여 군 생활을 통해 자신에게 이득이 될 만한 것을 제시한다면 성공적인 군 생활을 하고 변화된 모습으로 군문을 나가는 경우가 대부분이다.

이를 통해 우리는 경험적으로 N세대의 특징[4]이 부정적인 면만 있는 것은 아니며, 오히려 두뇌가 좋고 합리적인 사고를 지니고 있을 뿐만 아니라 능력 발휘를 위한 동기만 부여한다면 어떠한 임무도 능히 완수할 수 있는 무한한 잠재력을 가지고 있음을 알 수 있다(심상용 외, 2005). 즉, 일방적이고 강압적인 지시나 간섭은 효과가 없으며 설득과 모범을 통한 리더십 행사와 참여적인 방법을 통한 동기부여 필요하다. 이는 많은 연구자들이 이들 N세대에 대해 바람직한 리더십 형태로 임파워먼트, 카리스마, 변혁적 리더십, 신뢰와 인간중심의 리더십 등 신주류의 리더십을 제시하는 이유이다. 이런 이론들의 본질은 변환, 비전 제시, 위임, 자아개발 그리고 도덕 및 윤리 측면의 사회적 책임, 자기희생 등으로 요약할 수 있다.

그러나 현실적으로는 지휘관과 부하들 간에는 상호 이해와 신뢰도

---

4) N, Na세대의 특징 요약(이재윤, 2006)
   ① 무관심, 자기중심적, 공동체 의식이 희박한 개인주의자
   ② 실리적, 현실에 민감한 물질주의자
   ③ 자기 주장, 피상적 인간관계의 독불장군들
   ④ 자기개발, 탐구적, 지적 개방성, 결집력 강한 인터넷 세대
   ⑤ 구속, 눈치, 간섭을 싫어하는 신자유주의자들
   ⑥ 현실적, 합리적, 장래 준비에 철저한 실용주의자들
   ⑦ 소비적, 선도적 감각에 뛰어난 두 얼굴의 소비자들
   ⑧ 일, 공부, 놀이의 구분이 불명확한 무경계인

에 있어서 간격이 존재하고 있고 원활한 의사소통이 쉽지 않음을 볼 수 있다. 이러한 현상은 한국군 리더십의 실태를 분석한 실증연구(이종인 외, 1999)의 결과에서 볼 수 있듯이 지휘관들의 솔선수범하는 헌신적인 자세가 상대적으로 낮은 점, 타인의 권리와 감정을 존중하고 이해하면서도 신세대 장병들의 가치관 변화를 이해하지 못하고 있는 일방적인 인간관계, 참여와 권한위임의 부족 등으로 나타나고 있다.

따라서 N세대에 대한 리더십 적용에는 리더들의 보다 세심한 태도가 요구된다. 변화를 즐기고 일과 놀이를 구분하지 않는 점, 자유로운 의사표현과 지적 개방성이 높은 점은 리더들이 보다 개방적이고 포용적인 자세를 필요로 한다. 또한 독립적이지만 지극히 감성적인 성향은 대인관계에서 상처받기 쉬운 원인으로 작용하기 때문에 그들을 대할 때 따뜻함과 민감성을 가지고 그들의 감정을 이해하려는 노력이 필요하다. 더불어 자기개발에 관심이 높은 현실주의자들임을 감안할 때, 그들의 자기개발 욕구를 충족시키는 데에 대한 관심도 지속되어야 한다.

특히 N세대 장병들은 성장과정 중 가정, 교육적 환경으로 인해 가치 설정에서 '자기'를 어떤 것보다 앞세우며 타인과의 관계형성 및 갈등 해소에 서툴고, 준법정신, 도덕의식, 공동체 의식이 약하기(이재윤, 2006) 때문에 부하를 보살피고 배려함에 있어 어머니가 자식을 대하는 것과 같이 무한한 책임감과 희생 그리고 인내가 기본적인 바탕이 되어야 한다.5) 물론 이러한 희생과 배려는 무제한의 권한 부여나 원칙을 벗어남을 의미하는 것은 아니며, 어머니가 자녀의 인격형성과 자아실현을 위해 지극하게 독려하는 것과 같이 원칙을 지키되 유연하

---

5) 이처럼 일반화된 모성성에 대하여 오히려 여성 스스로는 이러한 모성에 대한 인식이 가부장적 관념의 틀 구조에서 형성된 여성의 사회적 굴레로 보고 오히려 벗어나고자 하는 노력도 있다(조형 외, 2005).

고, 리더 자신의 자아를 유지하면서 부하의 자부심과 자신감을 훼손하지 않기 위한 배려여야 한다.

이와 같이 N세대에 대한 효과적인 리더십 적용에는 신주류 리더십 이론들이 제시하고 있는 개념과 더불어 부하들을 세심한 관심과 감성적 배려가 바탕이 되는 모성적 가치가 함께 필요하다.

모성 리더십의 개념

'모성 리더십'이란 쉽게 표현하여 리더가 구성원들을 향하여 어머니처럼 생각하고 행동하는 데서 나타나는 리더십이다. 모성적 가치를 리더십에 도입하려는 시도는 크게 두 가지 측면으로 살펴볼 수가 있다. 하나는 여성주의 리더십(feminist leadership)[6]에 대한 개념과 이론의 발전을 위한 고찰의 한 주제로서 모성양식을 여성주의 리더십과 연관시키려는 노력이다. 또 하나의 측면은 리더의 성별과는 개별적으로 여성성을 특징으로 하는 여성적 리더십(female leadership) 또는 그와 유사한 개념의 리더십 모델[7]에서 전통적인 모성 가치를 강조하

---

6) 여성주의 리더십(feminist leadership)은 리더의 성별이나 리더십의 젠더와는 관계가 없이 '리더의 뚜렷한 여성주의 가치관과 도덕성을 기초로 한 비전, 그리고 이에 기초하여 세상의 변화를 도모하는 실천'을 핵심이 되며 여성들에게 현실적으로 유익하고 사회적 평등 실현에 효과적인 리더십을 말한다. 이는 여성리더들이 경험적으로 보여주는 리더십 여성 리더십(female leadership)과 리더의 성별과는 관계없이 포용성, 보살핌, 감수성, 유연성 등 소위 '여성성'을 특징으로 하는 여성적 리더십(female leadership)과 구별된다(조형 외, 2005).
7) 예를 들어, 우경진(2004)은 국내 여성 100명을 인터뷰한 결과를 정리하며 감성의 시대에 적합한 리더십으로 여성성을 바탕으로 한 리더십 모델을 '엄마형 리더십'으로 표현하였다. 또한 예로 퇴계이황의 원칙과 관계, 섬김을 바탕으로 한 수평적, 여성적 리더십을 모성 리더십이라고도 한다("CEO여 엄마처럼 직원을 돌봐라", 〈뉴스메이커〉 719호, 2007).

여 모성 리더십으로 표현하고 있는 것이다.

앞서 언급한 바와 같이 모성 리더십에 대한 이론적 개념은 아직 충분하지 않고, 본 연구의 본래 목적이 모성에 대한 고찰이나 리더의 성역할에 대한 고민이 아닌 모성적 가치의 군 리더십 적용이라는 실용적 측면이 중점이다. 그러므로 모성 리더십의 개념화를 위하여 여성적 리더십의 개념과 여성적 리더십과 모성 리더십의 구분점 및 모성양식의 사회적 확장 개념을 바탕으로 살펴보고 모성 리더십의 핵심차원을 도출하고자 한다.

여성적 리더십과 모성 리더십

모성 리더십은 기본적으로 여성적 리더십에 근거한다. 여성적 리더십이란 여성적 가치를 내포한 리더십이며, 여성에게서 더 자연스럽게 나타나기 때문에 이렇게 표현한다(남인숙, 2005). 그러나 모성 리더십은 여성적 리더십과 구분되는 특성들을 포함하고 있다.

여성적 리더십의 개념의 출현은 전통적인 리더십 모델이 현대 사회의 변화하는 조직에 적합하지 못하다는 인식과 관련 있다. 전통적인 리더십, 가부장적인 리더십은 리더 개인에게 막중한 책임이 강조되며, 권위와 통제를 조직목표 달성을 위한 주요 수단으로 한다. 반면에 여성적 리더십은 '분담된 리더십(shared leadership)'으로 리더의 기능이 한 사람에 의해 모두 수행되는 것이 아니라 구성원들이 모두 동등한 인격체로서 유기적인 관계를 통하여 조직의 목적을 달성해 나가는 것을 의미했다(권영자, 1992에서 재인용).

여성적 리더십의 또 다른 유형은 Bass(1985)의 변혁적(transformati onal) 리더십과 Rosner(1990)의 상호적(interactive) 리더십으로 설명될 수 있다.

변혁적 리더십은 부하의 가치 체계와 신념 체계를 변화시킴으로써 조직의 성과를 제고하려는 리더의 유형을 의미한다. 즉, 기대 이상의 성과를 이루기 위해서는 가시적 보상에 기초한 구성원들과의 거래 관계에만 의존할 수는 없으며, 비전의 가치와 중요성에 대한 구성원들의 의식수준을 높이고, 비전의 달성을 위해 자신들의 이익을 초월하게 하며, 보다 높은 수준의 욕구에 관심을 기울이도록 유도하는 것이 필요하다. 이러한 시도는 혁신적인 상상력, 일을 성취하는 전문성, 협동할 수 있게 하는 개방성 등으로 구체화된다(서성교, 2003). 이러한 리더 특성 또는 행동들은 여성 혹은 여성성이 높은 리더에게서 많이 보이는 것으로 나타났기 때문에 여성적 리더십이 변혁적 특성을 지니고 있다고 본다. 그러나 이 모델도 리더 자신에게 상당부분의 권위와 책임을 집중시키며 구성원의 참여, 리더십 공유와 상호적 영향관계에 주의를 깊게 두고 있지 못하며, 새로운 아이디어 개발, 영감적 동기유발, 혁신, 개별적 배려 등 일반적인 사고방식을 강조하는 개념에 머무르고 있다(김남현, 2005).

모성 리더십은 우선 비전의 제시함에 있어 구성원의 반응에 보다 민감하고 유연성 있게 대처하며, 조직의 가치가 개인의 가치, 필요와 어떻게 연결되어 있는가, 또한 구성원들이 어떠한 역할을 담당하고 그 중요성은 어느 정도인지를 무한한 인내를 바탕으로 꾸준히 설득, 공감을 유도할 것을 강조한다. 이는 리더의 강한 자신감과 신념이 상위 계층으로 갈수록 오히려 반민주적이고 독불장군 스타일로 변질될 가능성을 경계함이다. 또한 구성원들에 대한 개별적 배려(individualized consideration) 측면에서도 조건 없는 희생, 꼼꼼함과 부드러움을 기본이 되는 태도로 제시한다.

상호적 리더십은 여성적 리더십을 나타내는 또 다른 용어로 사용되기도 하며, 조직 구성원들의 발전을 도모하며 구성원들의 가치를 스스로 높이고자 하게끔 하는 한편, 조직의 목표 수행과 동시에 구성원들의 복지와 안녕을 중시하는 리더십이다(김주엽 외, 2003). Rosner(1990)가 그의 연구를 통해 주장한 상호적 리더십의 특징은 구성원들의 참여를 장려하고, 권한과 정보의 이동을 당연시하며 정보와 권한의 공유를 통해서 부하와 동료에게 결론에 도달하고 문제해결 방법과 의사결정의 정당성을 볼 수 있는 수단을 제공한다. 또한 정보를 공유하고 경영에 참여하는 것을 구성원에게 장려하는 방식을 발휘하여 구성원들로 하여금 자긍심을 향상할 수 있도록 한다는 것이다.

전통적으로 가부장적이었던 우리 사회에서 어머니는 가장이 가족 내에서 가지는 권위, 권한이 아닌 다른 방법으로 가족들을 이끌 필요가 있었으며, 가족에 대한 관심과 세심한 배려, 대화와 보살핌의 양식을 통해 리더십을 발휘해 왔다. 가부장적 리더십과 구별되는 모성 리더십의 특성이 현대에 있어서의 여성적 리더십 특성의 큰 부분을 차지하는 것은 당연하게 볼 수 있다.

모성과 리더십

모성은 모든 여성의 가장 근원적인 본질이긴 하나 모성적 리더십은

■표 1■ 모성 양식 구조의 리더십 일반화

구분	모성 양식의 명제	리더십 일반화
(a)	어머니의 성취와 자녀의 성취가 맞물려 있다	리더의 목표와 그가 속한 공동체 구성원들의 목표가 맞물려 있다
(b)	어머니는 인간과 문화에 대한 지식과 전망을 갖는다	리더는 인간과 문화, 관련 주제에 대한 지식과 전망을 갖는다
(c)	어머니 자신의 개인 최선을 발전시킨다	리더 자신의 개인 최선을 발전시킨다
(d)	자녀가 온전한 개인으로 성장하도록 한다	성원이 온전한 개인으로 성장하도록 한다
(e)	자녀의 다른 사람들과의 유대화를 돕는다	성원의 다른 사람들과의 유대화를 돕는다
(f)	자녀의 최선을 키우도록 돕는다	성원의 최선이 나타나도록 돕는다

출처 : 정대현. 「성기성물(成己成物) : 여성주의 리더십의 모색」(이화여자대학교출판부, 2005)에서 재편집

여성성 중에서도 특히 모성적인 특성을 바탕으로 한다는 점에서 차별화된다. 여성성과 모성을 구별하는 것뿐만 아니라 모성 양식을 분명하게 제시하는 것 또한 남성과 여성에 따라 그 시각에서 차이가 있기 때문에 쉽지 않은 일이다.

그러나 모성의 해석에 대한 문제는 차치하고 앞서 살펴본 것과 같은 통용되는 가족과 사회에서의 어머니의 역할을 통해 다양성, 생명과 상생, 헌신과 희생 및 포용과 보살핌 등의 가치가 모성의 두드러진 면임을 이해할 수 있다. 이러한 모성의 특성과 리더십과의 연결 관계는 모성 생활양식의 리더십 일반화를 설명하는 표 1의 내용을 통해 보다 쉽게 이해될 수 있다.

정대현(2005)은 성기성물(成己成物)[8]적 모성양식의 구조와 이를 근거로 모성양식 구조의 리더십를 구체화하기 위해 표 1과 같은 명제를 제시하고 있다. 명제(a)는 (b)~(f)의 다섯 개의 명제들을 필요로 하며 이들을 포괄하는 내용이며, 명제(b)는 지성적, 비전적 리더, 명제(c)는 엘리트적 리더로 표현될 수 있다. 명제(d)는 어머니의 보살핌과 배려로 이루어진다.

위 내용에서 주목할 것은 모성으로 특징 지워지는 희생과 보살핌은 일방적인 것이 아니라 어머니와 자녀, 리더와 구성원들의 상생을 전제한다는 것이다. 구성원의 자아실현, 만족을 조직목표 달성과 별개로, 혹은 목표달성을 위한 도구적 수단으로 여길 수 있는 시각과는 분명한 차이가 있다.

모성 리더십 모델

지금까지 살펴 본 모성적 가치와 대안적 리더십의 한 개념인 여성적 리더십의 이론적 배경을 통해 나름대로 정립한 모성 리더십의 개념은 다음과 같은 모델로 표현할 수 있다.

---

8) 성기성물(成己成物) : 나를 이룸과 만물을 이룸이 맞물려 있음을 의미. '기'는 인간인 나 자신이다. '물'은 인간을 비롯하여 사물일반을 가리키므로, 이때는 타인과 타물을 총칭한 것이다. 따라서 '성기'란 곧 '나 자신을 이룬다'는 뜻이고, '성물'은 '타인과 타물을 이룬다.'는 뜻이다. '나 자신을 이룬다.'고 함은 바로 '나를 인격체로 만듦'이다. 이는 곧 자신의 인간됨을 질적으로 격상시킴이다. 다른 한편, 타인과 타물에 대하여서도 성의로 대하는 길은 곧 타인을 인격체로, 그리고 타물에게는 그 유의미성을 찾아서 대하는 태도를 가리킨다. 이 사유는 원천적으로 공자의 "자신을 수양하여 남들을 편안케 함(修己而安人)"이라는 이상에 연원을 둔다. 이 사유가 구체화되는 데에는 공자가 "인간에 대한 사랑(愛人)"으로 규정한 '仁'의 실현을 "타물에 대한 사랑(愛物)"으로 까지 역설한 맹자의 사상을 거쳤다.

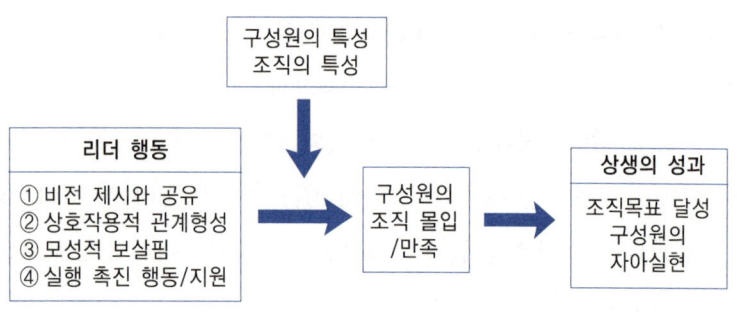

■그림 1■ 모성 리더십의 모델

　궁극적으로 모성 리더십은 조직의 목표 달성과 구성원의 자아실현을 추구한다.

　위 모델과 같이 모성적 리더는 ① 조직이 추구하는 비전, 가치의 당위성을 합리적 설득과 감성적 호소를 통하여 구성원들이 공감하고, 구성원 자신의 신념, 가치와의 연관성을 확인시키며, ② 권한과 정보의 공유, 참여적 의사결정을 통하여 상호 신뢰와 자발적 동기 부여를 유도하고, ③ 업무와 구성원에 대한 무한한 책임감, 감성적 배려와 공정한 상벌을 통하여 구성원들을 만족과 조직, 직무에 대한 몰입을 촉진하는 한편, ④ 구성원들이 실행에 집중할 수 있도록 양적 성장보다는 결과의 질을 강조하며 지속적인 동기부여와 피드백을 제공한다.

비전의 제시와 공유

　리더가 조직의 비전에 대한 열정과 자신감을 갖는 것은 당연하다. 그러나 중요한 것은 그러한 열정과 자신감을 구성원과 얼마나 공유할 수 있는가이다. 한두 번의 대화를 통해서 그것을 기대할 수는 없다. 조직의 비전을 쉽게 수용하지 못하는 구성원들에게만 책임을 지울 수 없다. 평생에 걸쳐 말과 행동을 통해 자식과 함께 비전을 찾고 그것을 호소하는 어머니와 같이 리더는 구성원들에게 인내와 끈기 있게 호소해야 하며, 함께 조직의 비전을 창출해야 한다.

상호작용적 관계형성

어머니의 자녀에 대한 사랑은 본능적인 만큼 강력하기 때문에 자녀와의 감정적 교류는 자녀에게 있어서도 흡수력이 강력하다(신은숙, 1983). 어머니와 가족과의 관계는 경쟁이나 제압이 아닌 협동적인 커뮤니케이션을 통한 이루어지며, 서로의 성공을 위해 서로의 필요를 채워간다.

모성 리더십에서 리더를 포함한 구성원 간의 관계는 신뢰를 바탕으로 협력관계이며 협동적, 참여적, 합리적인 관계 및 의사결정 과정을 강조한다. 과거 목표달성 및 문제해결에 있어서 결과만을 중시하며 구성원들 간의 경쟁을 유도하는 방식과 차별되며, 권한과 정보의 이동을 당연시한다. 정보와 권한의 공유를 통해 구성원들에게 결론에 도달하고 문제해결 방법과 의사결정의 정당성을 볼 수 있는 수단을 제공한다. 구성원 간 상호작용도 촉진하기 위해 협동적 노력과 팀워크를 강조하며, 조직 내 분쟁을 해결해주며, 소수의 의견도 존중하고 공유할 수 있도록 유도한다.

모성적 보살핌

어머니는 자녀에 대한 모든 측면에 책임을 지며, 자녀는 어머니의 절대적인 영향을 받는다. 가정 내에서 어머니의 손길이 미치지 않는 부분은 없다. 어머니의 이러한 책임과 역할은 가족에 대한 무한한 사랑과 자기희생적 정신, 책임감이 없이는 불가능한 것이다.

어머니가 가족을 보살피는 기본적인 태도와 함께 모성적 가치에 바탕을 둔 리더의 지원적 행동을 효과적으로 수행하기 위해서는 구성원들의 특성과 요구에 대한 민감성이 필수적이다. 기본적인 의식주를 포함하여, 자아개발을 위한 기회 제공 그리고 업무 수행에 있어서 필요로 하는 자원의 제공과 장애요인 제거 등 지원에 있어서 내 입장이 아닌 구성원들의 요구와 현실을 정확히 파악하여 대처해야 한다. 구성원이 진정으로 원하지 않은 지원은 또 다른 강요와 부담으로 작용한다.

구성원에 대한 리더의 희생정신과 책임감은 리더에 대한 신뢰와 구성원들의 자신의 업무에 대한 책임감, 열정으로 이어진다.

실행촉진 행동/지원

어머니는 '항상 곁에서' 자녀를 돌보아야 하는 존재이다. 즉, 모성은 실천적 가치이다. 리더의 역할도 목표, 계획의 제시와 자원의 제공, 실행의 확인감독에 머무르지 않는다. 설정된 목표를 명확하게 확인시켜 주고, 그에 따라 실행 방법을 함께 고민하는 한편, 실행과정에서 나타나는 장애요소를 제거해 주어야 한다. 장애요인이 외부적인 환경

문제나 자원의 부족도 있지만 구성원들의 역량, 심리적 요인에 의해서도 기인함으로 구성원들의 능력 개발, 멘토링, 코칭, 상담 활동이 필수적이다. 또한 실행상의 세부적인 절차에 대해서는 구성원들이 스스로 의사결정 할 수 있도록 자율권을 부여한다. 더불어 실행단계별 점검과 피드백은 필수적이다. 운영점검은 단순히 문제발생 방지를 위한 감독의 차원을 넘어, 차후 계획수립과 문제해결, 구성원에 대한 성취인정, 보상, 필요한 지원과 훈련 사항 파악 등과 관련된 많은 정보를 얻게 해주며 과정상의 작은 성공은 더 큰 업무에 몰입할 수 있는 구성원들의 자신감을 높여주는 데 주요한 역할을 한다.

모성 리더십을 구현하기 위한 10가지 원칙

모성의 특성과 양식에 근거하는 모성 리더십의 요인들에 대한 보다 구체적이고 쉬운 이해를 위하여 모성 리더십 행동요인별 원칙 10가지 제시하면 다음과 같다.

원칙 1. 일에 대한 긍정적 자세가 최우선이다

리더나 부하나 자신의 일을 바라보는 태도와 시각이 가장 중요하다. '긍정적인가 부정적인가, 적극적인가 소극적인가, 주인의식 혹은 노예근성이 있는가' 등 구성원의 기본적 태도는 모든 일의 시작단계부터 그 성패를 좌우하는 주요한 요인으로 리더가 특히 주목할 부분이다. 자신의 일을 통해 자아실현을 하고자 하는 정신과 열정을 갖지 않은 사람이 성공한 예는 드물다. '일을 하고자 하는 사람'은 방법을, '일을 하지 않으려는 사람'은 핑계를 찾는다고 했다.

원칙 2. 열정적 소수 인재를 찾아라

조직에 있는 많은 구성원 중에서 자발적인 소수, 열정을 가지고 행동으로 일하는 인재를 찾아내고 그들의 도움을 먼저 받는 것이 중요하다.

80:20의 원칙은 대개 작업의 80%는 20%의 참여자에 의해 수행된다는 개념이다. 사람들이 집단으로 있을 때 행동에 대한 책임감은 희석된다는 것은 널리 알려진 현상이다. 개미의 세계에서도 열심히 일하는 20%, 따라다니는 60%, 일하지 않는 20%가 발견된다고 한다.

따라서 리더는 자신의 아이디어를 실현시키기 위해 집단의 규모를 조절하여 소규모 집단의 작은 성과들을 먼저 창출함으로써 단기적인 성과와 함께 조직 전체로의 확산 효과를 거둘 수 있다.

원칙 3. 모두가 공감하는 비전을 제시한다

구성원들 스스로 위기감을 조성하고 비전을 함께 창출해야 한다. 비전을 통해 어떠한 가치와 태도를 추구할 것인가, 무엇에 집중해야 하는가를 알 수 있다. 조직의 비전을 공감한다는 것은 비전 달성을 위한 실천 계획을 구성원 스스로가 만들어 갈 수 있음을 의미한다. 비전은 현실 가능성이 포함되어야 하나 비교적 장기적이고 이상적인 목표로 현상에 대한 점진적 변화가 아닌 단절된 변혁이 요구되며, 일상 업무에 대한 인식과 기준부터 높아져야 한다.[9]

그러나 모든 구성원이 비전을 수용하는 데에는 시간이 필요하다. 계층별로 수용의 속도도 다르다. 때문에 리더에게는 비전 제시와 공유

---

9) 필자는 비행단장 재직 시 지휘관들에게 "바로 옆 대대가 어떻게 하는지를 보지 말고 공군 전체 비행단에서 당신과 똑같은 직책을 수행하는 사람들과 경쟁을 한다고 생각해라, 아니 전 세계 공군을 대상으로 생각을 넓히고, 그 곳에서 항상 상위에 속할 만큼 앞서 나가라." 라고 주문했다.

를 위한 노력만큼이나 구성원에 대한 이해와 인내가 요구된다.

원칙 4. 관계 지향적 네트워크를 중시한다(win-win 관계 형성)

관계지향적 네크워크란 사람 자체를 목적으로 생각하고 그들의 성
공을 위해 서로의 필요를 채워주는 것을 말한다. 업무상 조직에서의
지위 보다는 보이지 않는 영향력의 힘이 가치 있게 평가되며, 리더와
함께 모든 사람이 성공하는데 초점을 둔다. 이를 위해서는 리더가 먼
저 자기개방을 통해 다른 사람으로 하여금 리더 자신이 누구인지를
알게 해야 한다. 이러한 자기 개방은 다른 사람과의 상호작용을 활발
하게 만들고 자신들도 리더에게 과감하게 개방하고 맡긴다. 특별하게
도 준/부사관 계층에는 히든 리더가 반드시 있고 정상적인 지휘계통
을 통한 의사전달보다 더 빠르고, 정확하게 역할을 하고 있다. 지휘관
과 그 계층과의 사심 없는 의견 공유의 기회는 입소문을 불러오게 마
련이다.

원칙 5. 현재 진행형 리더십을 추구한다

지휘관 또는 리더가 장기적 비전만 제시해서는 안 된다. 리더십은
보이지 않는 부분과 보이는 부분이 적절하게 조화를 이루어야 한다.
현재 진행형 리더십이란 부하나 구성원의 행동의 결과, 참여의 결과가
바로 피드백 되는 것을 말한다. 이는 성과주의와는 차별이 되어야 하
는 것으로 리더십의 중간 결과들이 가시적으로 제시될 때 중간점검이
나 재동기부여가 가능해진다. 내면의 변화 유도가 우선적으로 필요하
고, 가시적 변화는 자신감, 신바람으로 연결되어 확대 재생산이 가능
해진다.

원칙 6. 신상은 많이, 필벌은 최소한으로 공정하게

일의 성과에 대한 신속한 보상은 지휘관에 대한 신뢰감을 높여 준다. 그리고 보상도 부하들이 예상할 수 있는 수준이 아니라 파격적인 것이 되도록 하여 또 한 번 감동을 주는 것이 필요하다. 군에서는 다소 부담이 되는 것이지만, 해외여행 티켓, 비행기 왕복권, 포상휴가 1주일 등으로 동기부여를 확실히 할 수 있는 요인이 요구된다. 신상필벌의 목적은 부대 내에서의 모든 프로그램에 전 장병의 적극적 참여를 도모하기 위한 것이다. 비판자보다 방관자가 늘어가는 조직은 절대 발전할 수 없다.

원칙 7. 부드러움이 가장 힘 있는 언어이다

화를 냄으로써 상대를 질책하기 보다는 부드러움이 더 큰 힘으로 작용한다. 부드럽다는 것과 화를 내지 않겠다는 것과는 의미면에서 많이 다르지만 웃음과 인자한 얼굴표정은 상대방의 경계심을 늦추는 데 가장 효과적일 수 있다.

조선왕조실록을 살펴보면 역대 왕 중에서 태종은 두 달에 한번 정도, 세종은 379개월 중 21번으로 1년에 한번 화를 냈다는 기록이 있다. 가장 화를 내지 않은 임금은 정조로서 재위기간 292개월 중 겨우 8번 화를 내어 초인적인 자기통제력을 발휘한 것으로 나타난다. 세종은 취임사에서도 '인(仁)을 베풀어 정치를 하겠다'라고 밝혔다. 세종의 탁월한 감정관리는 신하들이 사실 그대로를 발언을 많이 하도록 만들어 훈민정음 창제 등 탁월한 성과를 기록한 왕이 된 것이다. 이를 지키기 위한 노력은 자신이 선천적으로 긍정적 성격의 소유자이기도 하지만 많은 경우에서 상대방의 입장에서 생각하는 '역지사지(易地思之)'를 실천하기 위한 것이었다.

원칙 8. 최초와 최고를 지향한다

일등 기업에는 그들만의 일등 문화가 있다. 일등 문화는 그들이 일등이 되려는 부단한 혁신 과정에서 만들어진 것이며, 그 강력한 일등 문화가 그들을 초일류 기업으로 만들어 주고 있다.

군에서 서비스를 제공하는 지원 부서에 대해서는 최고의 서비스를 강조한다. 그 이유는 서비스를 받는 상대에게 감동을 줄 수 있는 가장 빠른 길이기 때문이다. 감동은 눈에 보이지 않는 곳에서 사기를 높여 주고 업무에서도 자발적인 성과추구가 가능하도록 해준다.

원칙 9. 작은 차이가 큰 결과를 만든다는 것을 믿는다

삼성의 이건희 전 회장은 우리 사회가 작은 것을 소홀히 취급하는 대범증에서 벗어나야 한다고 강조했다. 우리는 흔히 작은 잘못은 용서하고 큰 잘못에 대하여만 책임을 묻기 일쑤이고 그것이 자연스럽게 보일 수 있다. 작은 몸짓이 커다란 감동을 만들어낸다. 다른 사람을 위해 엘리베이터 열린 문을 잡아주는 행동, 찾아온 손님에게 대접하는 한 잔의 물, 부하의 건강상태를 확인하거나 기념일을 축하해주기 위해 배려하는 10여초의 짧은 시간을 통해 리더의 이미지, 조직의 이미지, 부하의 만족 정도가 결정되게 된다.

또한, 이 말은 "마무리를 잘해야 한다, 끝까지 최선을 다해야 한다."와 동일하다. 시작 단계에서는 의욕도 있고 에너지도 충분하지만 끝부분으로 가면서 집중이 결여되어 임무의 완성도가 떨어지는 경향이 있다면 개인이나 조직이나 최고 일류로 나아갈 수 없다.

원칙 10. 실행에 집중한다(현명하게 일하기)

옛날처럼 '열심히 일하라', '최선을 다하라'는 통용되지 않는다. 노력만으로 평가되는 시대는 끝났으며, 어제의 성공이 오늘의 실패를 낳을수 있기 때문에 과거의 상식, 행동방식은 버려야 한다. 일 잘하는 사람은 결론 도출이 빠른 사람이며, 가능성이 낮은 일에 도전하며 대세를 거슬러 가는 사람이다. 또한 어떤 테마 등 적극적으로 발언하여 자신을 어필하는 자기주장이 강한 사람, 사소한 일에도 치밀하게 계획을세우는 사람들이다. 반면 일 못하는 사람은 좋은 사람이라고 평가받기를 원하는 사람, 자기 일과 남의 일을 철저히 구분하여 자신의 일에만매달리는 사람이다. 또한 말 없고 차분하여 조용한 사람, 상사의 마음을 읽지 못하는 사람, 시간 관리를 못하는 사람들이다. 심지어 일을못하는 사람은 대개 여자사원에게도 인기가 없다. 여자에게 인기 없는사람은 얼굴이 아니라 머리가 나쁘기 때문이라고 지적한다.

실행은 현실을 정확히 인식하는 데서 출발한다. 리더는 하루에도수많은 정보를 접하지만 대부분이 부하 직원들의 관점과 판단에 비추어 여과된 것들이다. 따라서 리더가 조직의 인력과 프로세스를 정확히이해하지 못하면 문제점을 발견할 수 없고 문제점이 발견되지 않으면개선이나 혁신이 이루어지지 않는다. 따라서 일에 대한 목표와 우선순위를 명확하게 설정하여 누가 이 일을 하며, 왜 해야 하는지를 정확히알도록 해야 한다.

그리고 주어진 일을 제대로 할 수 있도록 구성원에 대한 교육훈련이되어있는가를 확인해야 하고 코칭 또는 멘토링을 통해 구성원의 역량을 계발해야 한다. 또한 일을 적극적으로 추진했으면 실적에 대한 보상이 신속하게 있어야 한다.

3

모성 리더십의 적용

모성 리더십에 대해서는 그 이론적 배경과 개념이 충분하지 못하기 때문에 현 단계에서는 실증연구에도 제한점이 많다. 따라서 본 연구에서는 연구자가 공군 제3훈련비행단장으로 재직 시 모성 리더십에 근거한 지휘활동 사례를 통해 모성 리더십의 군내 적용 및 발전 가능성을 살펴보고자 한다.

모성 리더십 실행단계/활동

리더십의 발휘는 리더와 부하간의 상호 작용이므로 리더가 일방적으로 또는 무계획적으로 끌고 나갈 수 없는 것이다. 그러므로, 서로간의 첫 만남에서 눈길을 주고받는 탐색의 단계부터 마음과 행동을 주고받는 각 단계가 순차적으로 전개되어야 하며 상호작용의 결과를 매번 살피는 것이 반드시 필요하다.

1단계 : 관심과 관찰
지휘관/리더는 현장 중심의 지휘활동으로 솔선수범을 보여주고, 부하는 서서히 마음의 문을 열고 자발적 행동으로 나가는 단계이다.

관찰은 모든 특별한 것의 출발이자 기본이다. 관찰은 보는 것만이 아니라 오감을 총 동원해서 듣고, 만지고, 냄새 맡고, 맛을 보고, 몸으로 느끼는 것이 모두 관찰이다. 모성적 리더십의 출발 역시 관심에서 비롯된 관찰이다. 수많은 위대한 장군과 훌륭한 리더들의 결심은 관찰력과 무관하지 않다. 그들은 평범한 사람이 그냥 지나쳐버리고 보지 못하는 것들을 일상 속에서 발견한다. 이러한 관찰은 통상 인내와 끈기라는 내적 동기가 반드시 뒷받침되어야 가능한 것이며 모성적 사랑이 힘의 원천이 된다. 어머니처럼 들어주고 보듬어 주는 지휘관의 모습에서 시작된 부하에 대한 작은 관심과 배려하는 행동들이 자연스럽게 그들에게 스며들고 잔잔한 감동을 불러 일으켜 자발적인 행동에 이르도록 만든다.

현장 중심의 리더십은 관찰을 중시하는 모성적 리더십의 한 형태이다. 링컨은 전쟁 기간 중 현장에서 직접 부하들과의 잦은 만남을 통해서 그들이 처한 환경 속으로 들어감으로써 그들의 헌신과 동질감을 유도하였다. 전쟁 첫 해인 1861년에는 거의 절반에 가까운 많은 날을 백악관 밖에서 보냈으며 현장에서 중요한 결심들을 하였다.

지휘관으로서 제일 먼저 해야 할 일은 계층별, 분야별 SWOT(강, 약점, 위기, 기회)로 생각되는 점을 오감을 통해 관찰하는 것이었다. 현장에서 받는 업무보고를 통해 예하 지휘관이 문제에 대한 인식과 해결방안을 제시하고 있는지, 업무 지향적 태도가 긍정적인지 수동적인지, 변화와 혁신에 대한 마인드가 있는지, 부하에 대한 관심은 어느 정도 인지 등 현장 분위기를 느끼는 것만으로도 많은 것을 진단할 수 있다. 이때 유의해야 할 점은 절대로 관찰만 해야지 현장에서 질책 또는 지시를 해서는 안 된다는 것이다. 수고했다는 격려의 말 한 마디가 지휘관에 대한 믿음과 기대를 불러 올수 있다.

■ 1단계 관련 실제 활동 사례

① **항공기 정비 체험, 경계초소** : 직접 현장 체험을 통해 근무자의 고충을 이해하고, 근무 취약요소를 발굴하여 최상의 근무환경을 조성하는데 반영.

② **하루의 시작은 언제나 병사와 함께** : 겨울에는 뜨거운 캔커피, 여름에는 빙과류로 초병 근무자, 새벽 조출 근무자 등을 격려하기, 병사와 함께 아침 식사(주1회)를 통해 병사와 지휘관의 간격을 좁히고 상호간의 신뢰 구축에 크게 기여.

2단계 : 하나 되기

신뢰구축을 위해 노력하는 단계가 필요하다. 서로를 인정하고 함께
하는 시간들을 갖게 되면서 의사소통이 이루어지는 노력과 인내가 필
요한 가장 어려운 시기이다.

모성적 리더십은 느끼는 것이다. 아기가 아프면 아기와 똑 같은 부
위에서 엄마가 아픔을 느끼는 것처럼 부하들과 느낌을 같이 하는 것이
다. 이것은 관계지향적 네트워크를 중요시하는 것이며 군림하는 지휘
관이 아닌 '자기와 한 편'임을 느끼도록 가슴으로 지휘하는 것이다.
군에는 다양한 계층이 있고 각자의 문화가 독특하게 형성되어 있다.
따라서 각 계층별로 상대하는 방법이 달라야 한다. 사람과의 관계에서
는 신뢰가 쌓이지 않으면 절대 진정한 의사소통이 이루어진다고 할
수 없다. 상하간의 신뢰는 실천의 문제로 일정기간의 노력과 가시적
성과를 바탕으로만 형성될 수 있다.

지휘관·참모에게는 명확한 임무인식과 권한위임, 신뢰를 보여주는
것이 중요하다. 준·부사관들은 많은 노하우를 지닌 중요한 존재라는
것을 인정하고 개인 발전을 위한 지휘관심과 구체적인 방법을 제시함
으로써 지휘관과 하나 되는 과정이 필요하다. 그리고 신세대 병사들에
게는 군 생활의 적극적인 참여가 사회생활의 성공을 보장하는 것이며,
적극적 참여시 내·외적 보상을 제시함으로써 지휘관이 제시하는 비전
과 과업에 대한 일치된 마음과 행동을 이끌기 위한 노력이 요구된다.

■ 2단계 관련 실제 활동 사례

---

① **이색 시무식** : 각 신분별 대표 장병들 KT-1 지상 활주 비행 체험을 포함한 시무식을 통해 제3훈련비행단의 주임무인 정예 조종사 양성은 모든 계층의 화합된 단결과 의지에서 이루어진다는 기본적인 인식 재확인

② **대형 태극기 그리기 행사** : 삼일절을 맞아 초대형 태극기를 전 장병이 동참하여 함께 그림으로써 군인으로서 항상 태극기를 보며 국가관을 새김

③ **사이버공간상 '칭찬합시다' 활성화** : 재임기간(17개월) 중 295회로 평균 하루 1건의 칭찬이 이루어졌으며, 이는 과거에 비해 10배 이상 활성화 된 것으로, 장병들이 서로 이해하고 사랑하는 마음과 성취감을 갖도록 하는데 기여

④ **신분별 간담회 및 산행** : 평소 의사소통의 기회가 적은 계층과의 직접 대화와 교감의 장을 주기적으로 개최하여 상호 신뢰를 증진

3단계 : 방법론의 제시

계층별로 수준에 적합한 처방을 하고 교육과 훈련, 노력과 경비를 투자해야 한다. 부모가 자식의 교육을 위해 모든 것을 희생하듯 부하의 성장 발전을 위한 멘토가 되어야한다. 여러 자식들이 있어도 다른 재능과 특징을 잘 알고 소질을 계발하도록 하는 것처럼, 관찰력 있는 지휘관은 부하 개개인에 대한 눈높이 처방을 해야 할 것이다. 더불어 구체적으로 무엇을 어떻게 추진할 것인지 목표와 방법을 같이 도출하고, 현명한 방법을 선택할 수 있도록 계층별로 방법론을 달리 적용하고 성취될 때까지 인내심으로 돌봐주어야 한다.

지휘관의 지시가 모호하여 받아들이는 사람마다 다른 개념으로 수용하거나 성과측정 기준의 일관성이 결여되는 경우는 큰 문제점을 낳을 수 있다. 따라서 혼란을 피하고 합리적인 문제해결을 위해 6시그마 경영방식과 같은 과학적인 경영기법의 도입 적용이 필요하다. 6시그마는 통계적 사고를 바탕으로 과학적 문제해결방법을 제시한 것으로서, 6시그마 창시자인 마이클 해리 박사는 "만일 우리가 어떤 것을 수치로 설명할 수 없다면, 우리는 그것에 대해 잘 알지 못하는 것이며, 잘 알지 못하면 우리는 그 것을 관리할 수 없다"고 했다. 즉, 6시그마는 열심히 하는 것이 아니라 올바른 방식으로 스마트하게 하는 것이다.

■ 3단계 관련 실제 활동 사례

'멘토가 있어 든든합니다'
공군3훈비, 멘토링 프로그램 운영

"저희 앞으로 서로 존중하고 이해하며 잘 살아 보겠습니다!" 공군3훈련비행단 군수전대는 지난날 31일 멘토(mentor)와 멘티(mentee) 117쌍의 특별한 커플 결연식을 했다. 이들 커플은 군수전대 하사 전원으로 이루어진 멘티 · 멘토로서의 업무능력과 의욕을 갖춘 중위 · 중사로, 업무분야와 성격유형을 고려했다.

특히 이날 행사에서는 직무수행능력 향상, 자격증 취득 · 기술습득 등 멘티의 목표달성을 위한 활동계획서를 서로 협의해 작성했다. 부대는 이에 앞서 지난 7월부터 멘토링 운영 태스크포스(TF)를 구성해 모니터링, 분석회의, 단체활동, 우수 커플 포상 등 멘토링 프로그램을 정착시켰다.

이미 28쌍의 멘토링 커플이 운영되어 소기의 성과를 거두고 있는 중. 지난 7월 멘토링 시범운영에 멘티로 참여했던 김유비(20) 하사는 "멘토의 오랜 경험에서 축적된 노하우를 직접 배울 수 있어서 업무능력에 훨씬 자신감이 생겼고, 선배들의 관점을 이해하는 계기도 됐다"고 말했다.

김 하사의 멘토였던 김선희(43) 상사도 "멘토링을 통해 나 자신도 과거를 돌아보며 업무를 체계적으로 정리하는 계기가 됐고 새로운 지식과 신세대 후배들의 생각을 이해하며 자기발전의 자극을 받을 수 있는 좋은 시간이었다"고 말했다.

---

① 6-Sigma 교육 및 전문가 양성 : 전문기관(KAI, 진주산업대, 공군 보라매리더십센터 등)을 활용한 교육과 프로젝트 수행을 실시하여 전문가를 양성

② 멘터링 제도 시행 : 3훈비 군수전대 교육환경과 실태를 분석하여 교육체계의 문제점을 획기적으로 보완할 수 있는 멘토링 프로그램을 도입

③ 혁신 아카데미 운영 : 각 분야의 전문가 초청 강의를 월 2회 실시하여 장병 스스로가 위기의식을 느끼고 변화를 시작할 수 있는 기회의 장을 마련

④ 혁신 기법의 기업경영 방식 체험(삼성테크원, KAI, 3M 등)

⑤ 군 · 산 · 학 연계 프로그램 개발하여 대학 강좌 무료수강 및 자격증 취득

⑥ 대외 전문교육기관 교육 참여 및 기술정보 교류 활성화

4단계 : 실행에 집중

실행에 대한 개념을 재정립하고 리더/지휘관이 가장 많은 시간을 투자하고 노력의 집중이 필요한 단계이다.

지휘관 또는 직장상사는 지시 또는 계획을 하달하면 부하, 또는 하부 조직원에 의해 100% 수행될 것이 당연한 것으로 믿으려는 경향이 있다. 이는 지휘관은 지시를 내림으로써 자신의 책임을 다했다고 여기며 실행은 하부조직에서 해야 될 것으로, 의도적인 업무 한계를 지으려는 것이다. 이처럼 프로젝트 수립은 리더가, 실행은 부하가 하는 것으로 알고 있는 조직은 대개가 불량조직이다. 실행은 리더가 맡고 있는 중요한 책임이며 하나의 체계로서 전략적 수준에서 다루어져야 한다. 'Knowing Doing Gap'이라는 말이 있다. 아는 것과 실천에는 분명히 차이가 있다. 군대에서도 정도의 차이일 뿐 지휘관이 의도하는 만큼 방향성에서 그리고 강도 면에서 차이가 날 수 밖에 없다는 것을 먼저 인정하는 한편 차이를 줄이려는 예방에 노력하는 것이 중요하다.

리더의 가슴과 영혼이 조직 전반에 깊이 스며 있을 때 비로소 조직이나 기업의 실행력이 향상된다는 것을 명심해야 한다. 비즈니스 깊숙이 뛰어들지 못한 리더는 포괄적인 시야를 가질 수 없으며 예리한 의문을 제기할 수도 없다.

■ 4단계 관련 실제 활동 사례

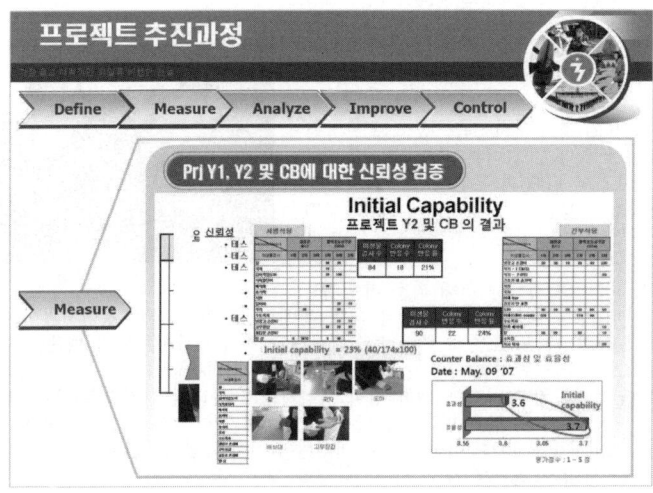

'이리로 빨리' 전화 한통이면 바로 출동
〈1282〉

공군3훈비 '찾아가는 서비스'
업무 효율·고객 만족도 높여

"전화 한 통이면 바로 수리를 위해 출동합니다."

공군3훈련비행단이 시설 수리와 정비 분야에서 '찾아가는 서비스'를 도입, 업무 효율도와 만족도를 한층 높이고 있다.

대표적인 것이 시설대대의 '1282 서비스 콜센터'.

비행단 내 어디서든지 유지보수가 필요할 때 '1282' 네자리 번호만 누르면 시설대대 요원들이 차량이나 오토바이를 이용, 신속하게 출동한다.

형광등·유리창 등의 단순 파손에서부터 전문기술이 요구되는 작업에 이르기까지 전화 한 통이면 1282라는 숫자에 담긴듯 그대로 '이리로 빨리' 출동 가능한 서비스다.

일과 중에는 물론이고 일과 후에도 당직사관실을 활용해 24시간 운용되고 있는 1282 서비스 콜센터는 빠른 접수와 신속한 업무처리로 큰 인기를 얻고 있다. 24시간 불편 접수는 물론 긴급사항일 경우 24시간 출동도 가능하다.

특히 인트라넷을 통한 수리 신청을 할 수 없는 관사지역과 독신자 숙소에서도 전화 한 통으로 언제든지 콜센터에 불편한 점을 접수시킬 수 있어 호응도가 높다. 과거 수도·냉난방·전기 시설에 고장이 발생해도 복잡한 행정절차 때문에 시설대대 요원이 방문 수리하기까지는 빨라도 하루 이틀이 소요됐던 것에 비하면 그야말로 혁신적인 변화다.

시설대대 김석기 상사는 "과거에는 복잡한 신청 절차

공군3훈련비행단 시설대대의 1282 서비스 콜센터 차량 모습. 유리창의 단순 파손부터 전기·수도 고장에 이르기까지 전화 한 통이면 출동 수리가 가능하다. 부대 제공

로 출동하는 데 최소 하루 이상이 소요됐지만 지금은 1282 전화 한 통이면 바로 출동이 가능하다"며 "빠른 수리에 신청자들이 만족해하는 모습을 보면 정말 뿌듯하다"고 말했다.

1282 서비스 콜센터와 함께 수송대대가 주간 정비점검 분야에 새로 도입한 '찾아가는 이동 정비 서비스'도 인기가 높다. 과거에는 점검 주기가 자주 돌아오는 데다 점검에 드는 시간도 많이 소요돼 차량 운용에 부담이 됐다. 하지만 새로운 시스템 도입 이후에는 점검요원들이 직접 방문해 점검에 필요한 소요시간도 단축했을 뿐만 아니라 정해진 시한 안에 점검받은 차량의 비율도 85%에서 100%로 높아져 사고예방에도 적지 않은 기여를 하고 있는 것으로 나타났다.

김병륜 기자 lyuen@dema.mil.kr

'천 번째 비행 무사히 안착했습니다'

공군3훈비행훈련단 최용주 상사 1,000회 무결함 비행지원

"비행을 마치고 돌아온 조종사가 항공기
상태가 좋았다고 말할 때 가장 큰 보람을 느
낍니다."
지난 16일 오후 4시 54분 공군3훈련비행
단 활주로에 KT-1(기본훈련기)가 무사히
안착함으로써 1,000회 무결함 비행지원이라
는 금자탑을 쌓은 부대 정비대대 최용주(37)
상사가 29일 기록 달성 축하행사장에서 밝히
니 소감은 평범하다.
통상 한 번의 비행을 위해 최소 비행 2시
간 전부터 정비에 들어가고 비행을 마친 뒤에도 1시간 이상의 정비시간이 든다.
작은 나사 하나라도 소홀히 했다가는 치명적 결과가 나올 수 있기 때문에 3시간
이상 고도의 집중력이 요구되는 것이 바로 항공 정비작업이다.
2004년 9월부터 항공기에 대한 정비 책임자이자 관리자인 기장을 맡은 지 3년
남짓한 기간 만에 이 같은 대기록을 달성해 그 의미가 더욱 크게 빛날 수밖에 없다.
숙련된 정비사들도 400회 이상 무결함 비행지원 기록을 얻기가 힘든 가운데 달성한
기록이라 부대 차원에서 축하행사를 마련한 것은 당연한 것.

---

① **불필요한 업무 30% 줄이기** : 전 장병 요구사항 반영을 통한 업무 간소화(불침번
근무 및 병사출입증 폐지, 외출신고 절차 개선, 보안업무 전산화 등)

② **학생조종사 비행브리핑 방식 개선** : 토론식의 열린 교육방식 적용으로 학습효율
증가 및 교관―학생간 신뢰 조성

③ **학생조종사 Grading 전산화** : 표준화/평가에 근거한 객관적인 강평능력 향상 및
자료 Data화로 과학화되고 공정한 평가로 정예조종사 양성에 기여

④ **작업 실명제를 통한 책임정비 제도 정착** : 무결함 비행지원 기록수립을 누적하여
공개 및 우수 정비사 포상을 통한 사기진작

⑤ **Service Call Center 운영** : 유지보수 소요 발생 시 빠른 접수 및 업무처리로
고객(부대원) 감동 실현과 업무 추진방식의 획기적 변화 유도

⑥ **6-Sigma 기법을 적용한 결함분석 및 예방대책 수립 / 창의적 제안 활성화**

5단계 : 신바람 조성

신바람 효과란 평범한 사람도 신바람 나게 일하면 탁월한 성과를 낼 수 있다는 것, 사람의 의욕을 고조시키는 것이 '돈'이나 '명성'이 아니라 '자존심'과 '기분'에 있다는 너무나도 한국적인 정서이다.

조직에서 보람을 느끼고 인정을 받는 것과 자존심을 살려주는 것은 돈 이상의 힘을 발휘하는 강한 동기요인이며 리더와 부하간의 윈-윈 관계 형성에 바탕을 이룬다. 사람들은 자신의 상관 또는 관리자들을 인생의 선배, 경험자, 조언자로서 친밀한 관계로써 유지되기를 원하고 있으며 또한 인간적 대우와 관심, 폭넓은 참여 기회를 제공받기 원하고 있다. 그러나 신바람을 알면서도 실천하는 것은 결코 쉽지만은 않다. 부하의 생일, 결혼기념일, 자녀의 입학과 졸업일까지 기억했다가 작은 정성을 표시한다면 부하와의 관계는 더욱 부드러워지고 긍정적으로 발전할 수 있을 것이다. 지휘관을 포함한 전 장병이 각자의 위치에서 무엇을 해야 하고, 어떻게 할 것인지, 그리고 그 결과를 어떻게 즐길 것인지를 같이 고민하고 같이 행동하는 프로그램이 필요하다.

남는 시간에는 책을… 공군 독서열풍

3훈비, 1만5000권 소장 기지도서관 개관 20전비, 인트라넷 도서관 홈페이지 개설

공군 각급 부대가 장병들의 독서문화 정착에 앞장서고 있다. 공군3훈련비행단은 2개월에 걸친 준비 끝에 새로 마련한 기지도서관 개관식을 지난 27일 가졌다.

지난 두 달간 리모델링을 거쳐 이 날 문을 연 기지도서관은 장병들이 보다 쉽게 도서관을 찾을 수 있도록 생활관에 가깝게 위치를 옮겼다.

또 $400m^2$ 규모의 넓은 공간을 확보, 해외동포책보내기운동협의회 등에서 기증한 도서 등을 한데 모아 이전보다 3배 이상 많은 1만 5000여 권의 장서를 비치했다.

도서관

특히 비행단 중에는 최초로 별도의 독립된 도서관 건물을 확보하고 도서관 업무를 담당할 전담 군무원을 선발해 도서 관리의 전문성을 한층 높였다. 이 외에도 가족들과 아이들이 이용할 수 있는 가족 도서실, 시청각 자료를 이용할 수 있는 디지털 자료실 등을 별도로 마련해 활용도를 높였다.

인트라넷 홈페이지에 개설된 전자 도서관

'젓가락질' 원천기술 비법 전수

공군3훈비 식탁마다 사용법 붙이고 '콩 집기 대회'도

당신은 젓가락질을 지대로 하고 있나요?

'요즈음 신세대 장병들은 사과 깎을 줄도 모른다'며 '밥상머리' 가정교육을 안타까워하는 일선 지휘관들이 많다.

그런 가운데 신세대 장병들에게 젓가락질 교육을 하는 부대가 있다. 정신없이 돌아가는 세태 속에 사회 예의의 출발인 '밥상머리' 교육을 하고 있는 것.

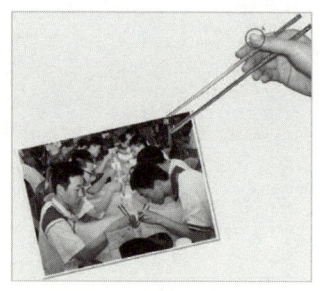

공군3훈련비행단은 지난해 12월부터 식사 때마다 모든 장병들에게 올바른 젓가락질 교육을 하고 있다. 병사는 물론 부모들까지 크게 반기고 있다. 장병식당 식탁마다 알기 쉬운 올바른 젓가락 사용법까지 붙였다.

지난해 12월과 올해 6월에는 대대별로 대표팀을 뽑아 젓가락으로 콩을 집어 옮기는 '고난도' 젓가락 집기 대회도 열었다.

학교 졸업식 같은 병영생활 졸업식
사천 공군 제3비행단, 졸업장 병영앨범 증정

사천 공군 제3훈련비행단(단장 박경종) 부대정비대대는 평소 열리는 전역식과는 달리 학교 졸업식을 연상케 하는 병영생활 졸업식을 가져 눈길을 끌고 있다.

공군 3훈비 부대정비대대는 24일 학술대대 대강당에서 대대 병사 및 대대장, 주임원사 등이 참석한 가운데 633기 전역 병사를 위한 병영생활 졸업식을 가졌다.

이날 졸업식은 전무가 남긴 동영상 시청, 전역병사의 군 생활 비법전수 낭독, 후임들의 송별사 등이 마련됐으며, 전역병사에게 병영 졸업장과 액자, 장미꽃, 병영앨범 등이 증정됐다.

"점호시간이 즐겁습니다"
편지·독서뉴스 등 요일별 일곱 빛깔 테마 공군3훈비 장병 중심 선진병영 선도 큰 힘

"점호는 1내무실부터 번호 하나, 둘, 셋, 넷, 다섯…. 번~호~ 끝."

살떨리는 '점호의 추억'이 병영에서 사라지고 있다. 그 대신 장병들에게 기다려지는 '웰빙형' 점호가 병영에 정착되고 있다.

공군3훈련비행단 야전정비대대는 이달부터 일곱 빛깔 요일별 테마점호를 도입, 장병들에게 폭발적인 호평을 받고 있다. 달마다 병사 대표들로 이뤄진 병사자치위원회를 열어 과거 군기 잡는 점호에서 전우애 넘치고 자기 계발할 수 있는 다채로운 아이템을 발굴, 보람찬 점호시간으로 바꿔 나가고 있다.

매주 월요일 밤 9시 30분 점호를 알리는 힘찬 나팔소리가 울려 퍼지자 장병들은 부모·가족·친구·애인으로부터 받은 편지를 들고 생활관으로 모여들었다. 자신들이 받는 편지를 서로 낭독하고 안부 편지를 쓰며 끈끈한 가족애와 진한 감동을 함께 나눴다. 일명 월요일마다 열리는 편지 점호.

이처럼 대대는 ▲수요일마다 장병 한 사람씩 돌아가며 서로를 칭찬해 주는 칭찬릴레이 점호 ▲목요일마다 마음의 양식과 지식을 쌓는 독서토론점호 ▲금요일마다 잣기 계발을 위한 단어 자격증 등 공부하는 나만의 시간점호 ▲토요일마다 한 주간의 국방소식과 뉴스를 보고 토론하는 뉴스 점호 등 요일별로 알찬 저녁 점호시간을 보내고 있다.

① 기지도서관 건립 : 1만 5천여 권의 책과 가족도서실, 디지털 자료실, 동아리방 등을 갖춘 완벽한 시설

② '색이 있는 생활관' 운영 : 취미 생활이 같은 병사들로 생활관 구성(독서 생활관, 음악 생활관, 몸짱 생활관, 영어 생활관, 자격증 생활관 등)

③ 명랑한 병영생활 공간 조성 : 사이버정보방, 플레이스테이션방 등

④ 병사들이 주관하는 병사의 날 운영 : 풋살경기, 기마전 및 트럭밀기, 장기자랑, 보물찾기 등 다채로운 이벤트를 통한 사기진작 및 화목과 단결 도모

⑤ 군가족 초청행사 : 부대 견학 등을 통한 공군가족으로서의 자긍심 고취

⑥ 진중 창작전 개최 : 다양한 창작활동 및 경합을 통한 장병 정서함양

⑦ 교관조종사 나눔봉사 : 교관조종사들이 자발적으로 복지시설이 취약한 부서 근무 장병에 대한 배식 봉사와 부식 지원

⑧ 전입신병 올바른 젓가락 사용법 숙달을 통한 기본예절 교육

리더십 성과 및 제한점

지금까지 제시한 모성 리더십의 효과성을 객관적으로 제시하기 위해서는 이 개념이 포함하고 있는 다양한 변인들을 체계적으로 다룰 수 있는 방법과 계량적인 자료 분석을 바탕으로 하는 실증연구도 필요하다. 그러나 서두에서 밝혔듯이 본 연구는 실증연구라기 보다는 리더십에 있어서 모성의 가치와 모성 리더십의 실제 군내 적용 가능성을

살펴보는데, 목적을 둔 사례연구에 가깝다. 따라서 여기서는 모성 리더십의 유효성을 살펴볼 수 있는 단서로서 모성 리더십을 적용한 연구자의 부대지휘활동과 관련된 몇 가지 성과를 언급하고자 한다.

연구자가 지휘했던 공군 제3훈련비행단은 조종사 양성을 주임무로 하기에 각종 훈련에 있어 완전성을 요구하며 비행안전을 최우선 목표로 하고 있다. 이에 재임기간 중 '안전 최우수부대(공군참모총장 표창)' 선정과 '9만 시간 무사고 비행기록(국방부장관 표창)'은 기본목표 중 큰 부분을 성공적으로 수행했음을 보여주는 성과일 것이다. 특히 항공기 정비 분야에서 6시그마 기법을 적용한 결함분석 및 예방대책 수립을 통하여 (그림 2)와 같이 주요결함이 대폭 감소하였다.

비행분야 이외의 장병 사고율에서도 재임 전과 비교하여 각종 사고가 20% 감소하였으며, 이 중 폭행, 자살과 같은 악성사고는 단 한 건도 발생하지 않았다. 사고예방 뿐만 아니라 개인능력 향상 여건 조

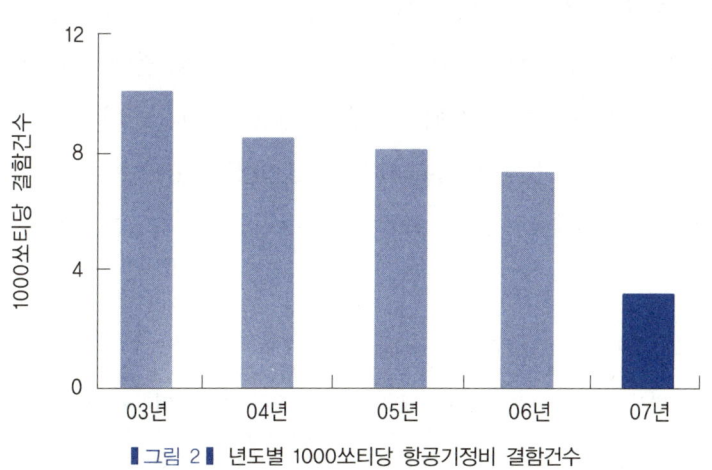

▌그림 2▌ 년도별 1000쏘티당 항공기정비 결함건수

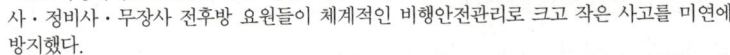
성[10], 함께하는 병영문화 정착, 열린 의사소통체계 활성화[11] 등을 통한 장병 사기 증진을 인정받아 '07년도 '병영생활 우수부대(국방부장관 표창)'에도 선정되었다. 이러한 병영문화 개선은 부대원들의 업무에 대한 적극적인 참여로 이어져 창의적 제안이 활성화[12]되었다.

물론 이와 같은 가시적인 성과들로만 성공적인 리더십을 말할 수는 없다. 또한 구성원들의 조직과 업무에 대한 인식 전환 또는 만족의 증대는 단기간에 기대하기에는 한계가 있다. 그러나 리더에 대한 구성원들의 태도도 리더 효과성을 나타내는 주요한 지표라고 볼 때 부대원들이 보여준 태도는 기대 이상이었다. 리더의 요구에 저항이나 무시가

---

10) 생활관별로 테마를 선정, 각종 학습, 취미활동을 적극장려하는 '색(色)이 있는 생활관 운영, 부사관 특기 향상을 위한 능력개발 교육프로그램 운영 등

11) 대표병사제도, 지휘관참모 초소체험, 조종사 정비체험, 명예기자제도 운영 등

12) 창의적 제안 사례 : KT-1 항공기 엔진 세척장비 개발로 환경오염 예방 및 비용절감(약 2억1,500만원/년) : 2007년 대통령상- KT-1 항공기 L/G Strut 분해/조립용 Dry Oven 제작·활용으로 수리기간 단축(45일→1일) 및 비용절감(약 10억원/3년) : 2007년 보국포장.

아닌 헌신적인 자세를, 질책에도 불평보다는 진지한 고민과 개선 의지를 보여주었다. 이러한 변화는 '리더는 구성원을 윽박지르고 꼼짝 못하게 하는 사람이 아니라 희망을 주고 성장의 기회를 주는 사람'이며, 모성 리더십의 가장 큰 장점이 가족에게 서비스하듯 부하들의 정서를 파고드는 서비스 정신(우경진, 2004)이라는 점을 확인시켜 주었다.

연구자는 부대 지휘관으로써 부하들에게 '열'만큼의 관심을 베풀었지만 부하들은 '백'으로 보답했고, 내가 그들에게 '마음'을 주었다면 그들은 '땀'으로서 보답했다. 그리고 그들을 통해 지휘관이 자랑스러울 수가 있었으며, 비행단 전체의 위상이 높아져서 어디에서나 3훈련 비행단 소속임을 자랑스럽게 여기게 되었다. 최선을 다했던 지휘관으로서의 기간이었다고는 하나 여전히 아쉬움은 가슴에 남아 있다. 이러한 아쉬움은 대체로 시스템적으로 안고 있는 제한들에서 나온 것이긴 하다.

무엇보다 장병의 의식 전환을 위한 환경적 여건이 부족하다. 변화의 출발은 장병들에게 문제인식을 하게 만들고 대상별 또는 계층별에 맞도록 맞춤식 교육 프로그램을 운영해야 했으나 군내에는 전문가도 부족할 뿐만 아니라 부족한 경비로 인해 강사 초빙에도 많은 어려움이 있었다. 군에도 유능한 간부가 있지만 같은 군복을 입고 있는 강사에 대한 식상함이 우선 문제였고, 또한 사회의 흐름을 정확히 대변해 줄 수는 없는 것이고, 강사의 수 또한 절대적으로 부족했다. 유명한 강사를 직접 섭외해 강의를 듣지는 못하더라도 'e-learning' 체계를 구축해 많은 컨텐츠를 활용할 수 있는 환경이 조속히 구성되었으면 하는 바람이다.

리더십의 발휘가 주어진 여건 하에서 조직의 목표를 달성하는 것이

지만, 주어진 여건이라는 것이 제도면 그리고 재정적 측면에서 지휘관
이 재량을 발휘할 만큼 융통성이 많지 않고 대부분 경직되어 있어 각
종 아이디어와 새로운 방식을 적용하려해도 제한되어 있다는 것이다.
따라서 많은 부분을 "내가 책임진다."라는 각오를 갖지 않으면 아무리
훌륭한 생각이라도 부하들에게 강요할 수도 없는 노릇이었다. 똑같은
문제로 규정 또는 절차를 무시하고 일을 추진할 경우에 지휘관보다는
위관 등 초급장교에 가해지는 잣대는 더욱 엄격하고 때로는 진급에
치명적일 수 있다. 이러한 제한은 소단위 그룹의 리더들이 소신 있게
일을 처리하기에는 부담이 될 수밖에 없다. 복지부동하고 현실에 깊게
안주하고 있는 것이 무능을 넘어 조직에 위해가 되는 것이며, 오히려
과감한 업무추진과정에서 생긴 상처들이 훈장처럼 받아들여질 수 있

는 분위기와 보장책이 마련되어야 할 것이다.

　"어려운 여건 하에서도 지휘관을 중심으로…." 이것은 군 이라면 모두가 겪고 흔히 듣고 있는 표현이지만 지휘관으로서 베풀어 주기보다는 개인적인 분발과 노력을 많이 강조해야만 했던 것이 무엇보다 아쉽다.

4

결 론

모든 상황과 조직 수준에 적합하고 효과적인 리더십은 존재하지 않는다. 또한 조직이 처한 환경, 구성원들의 특성에 따라 리더에게 요구되는 역할도 달라진다. 분명 모성 리더십도 이러한 한계를 벗어나진 못한다.

군(軍) 전체를 통솔하는 지휘관과 일선 부대를 지휘하는 부대장, 그리고 매일 병사들을 마주하는 초급지휘관들의 리더십도 그 성격과 역할이 다르다. 또한 개인의 욕구보다 조직의 요구가 우선시 되고, 하급자와 상급자간의 의사소통이 주로 명령과 지시라는 수직적인 방법에 의해 이루어지며, 복종심과 충성심이 가장 중요한 덕목으로 강조되는 군 특성을 감안할 때 리더의 무한한 희생과 보살핌, 배려와 부드러움을 바탕으로 하는 모성 리더십이 군 조직에 적합하지 않는 상황도 분명히 있다.

그러나 어머니들이 자녀를 양육하고 교육함에 있어 사람에 따라 상황에 따라 다양한 스타일이 있을 수 있지만 그 바탕에는 모두 우리가 모성이라고 하는 지극한 사랑이 있는 것과 같이 무엇보다 중요한 것은 구성원들에 대한 리더의 태도일 것이다.

　위 기사는 어머니라는 존재가 우리에게 단순히 가족 구성원의 한명 이라기 보다 더 큰 의미를 담고 있으며, 가족의 테두리를 넘어 모든 조직에서 모성이 가지는 가치가 어떤 의미와 영향을 줄 수 있는지를 잘 보여주고 있다.

　특히 군대라는 조직은 자발적 동기부여가 상대적으로 부족하며, 구 성원들의 특성도 세대, 계급별로 많은 차이를 보인다. 또한 남성적 기질, 지배성, 자신감, 성취욕, 등 전통적인 리더십 패러다임이 그 어 느 조직보다 지배적인 곳이며 이러한 패러다임이 효과적인 측면도 있 다. 그러나 사회의 변화, 구성원의 변화에 더 이상 군도 자유로울 수 없다. 일반 사회가 전통적인 리더십 패러다임의 한계를 넘을 수 있는 대안적 리더십을 추구하는 것과 같이 군 지휘관들에게도 상황에 따라 유연성을 바탕으로 차별화되고 선별적인 리더십이 요구된다. 이러한 인식을 바탕으로 일선 부대를 지휘하면서 적용한 모성 리더십의 결과는 대단히 성공적이었다 라고 감히 자평한다.

군의 리더는 단순히 조직을 관리하고 일상적 의사결정을 하는 사람을 뜻하지 않는다. 복잡하게 표현된 국가의 목표를 달성하기 위해 부하 장병들에게 그 목표를 명확히 인식할 수 있는 비전을 제시하고, 그 비전을 현실화할 수 있는 방법과 행동으로 옮길 수 있는 동기를 부여할 수 있는 사람이 군의 리더라고 할 수 있다. 일반 사회조직보다 더욱 세심한 지휘관리가 요구되는 군에서 인본주의란 필수조건이며, 이러한 인본주의를 가장 충실히 담고 있는 모성 리더십이 신세대 장병을 지휘하는 군 리더에게 더없이 좋은 대안이 될 것으로 믿는다.

부록 2.

사례연구

급식 위생 개선
불필요한 업무 30% 줄이기
F-4 Bell Crank 작업방법 개선
통신/항법계통 결함 감소
해외물자 수송체계 개선

급식위생개선 프로젝트

가장 젊고 매력적인 최일류 비행단 건설!

공군제3훈련비행단 혁신 T/F팀

Made by Hyunsoo Kim

프로젝트 추진배경

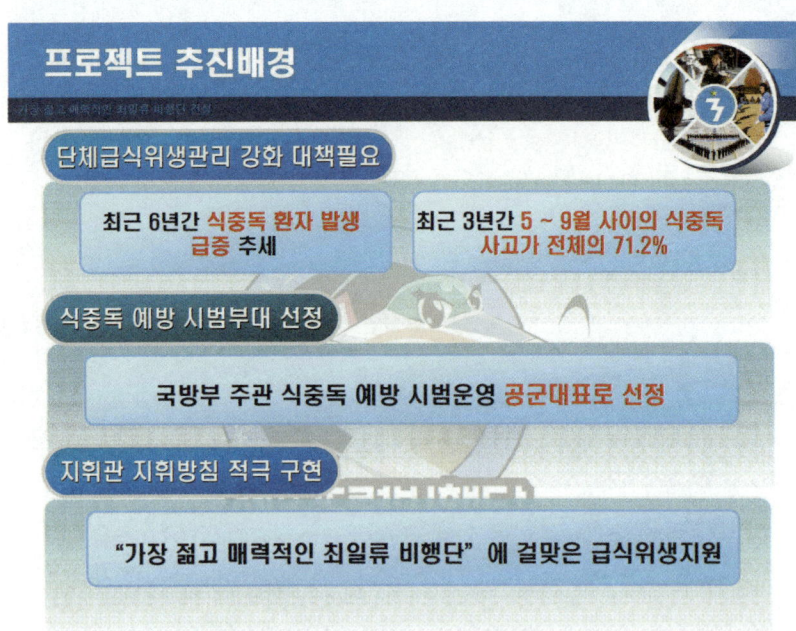

단체급식위생관리 강화 대책필요

최근 6년간 **식중독 환자 발생** **급증** 추세

최근 3년간 **5 ~ 9월 사이의 식중독 사고가 전체의 71.2%**

식중독 예방 시범부대 선정

국방부 주관 식중독 예방 시범운영 **공군대표로 선정**

지휘관 지휘방침 적극 구현

"가장 젊고 매력적인 최일류 비행단" 에 걸맞은 급식위생지원

프로젝트 추진과정

Define > Measure > Analyze > Improve > Control

Measure

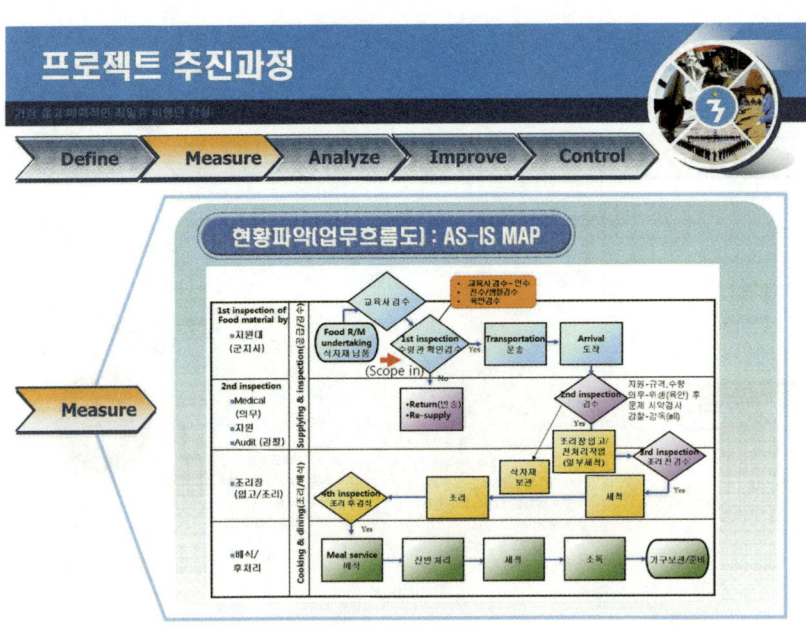

프로젝트 추진과정

Define > Measure > Analyze > Improve > Control

Measure

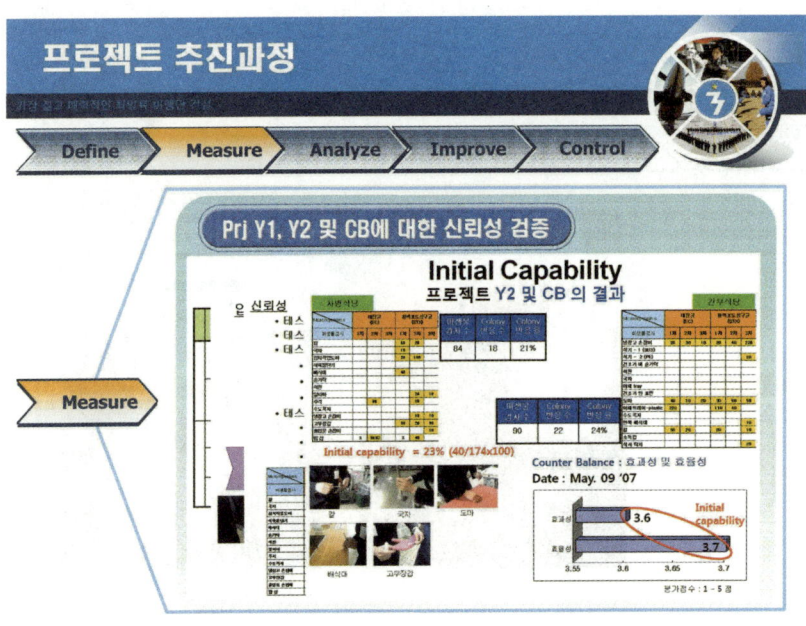

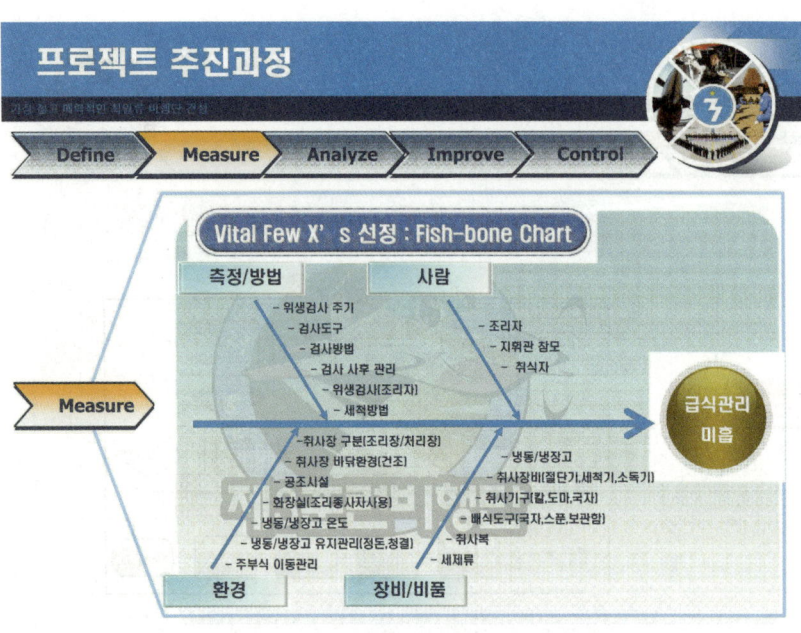

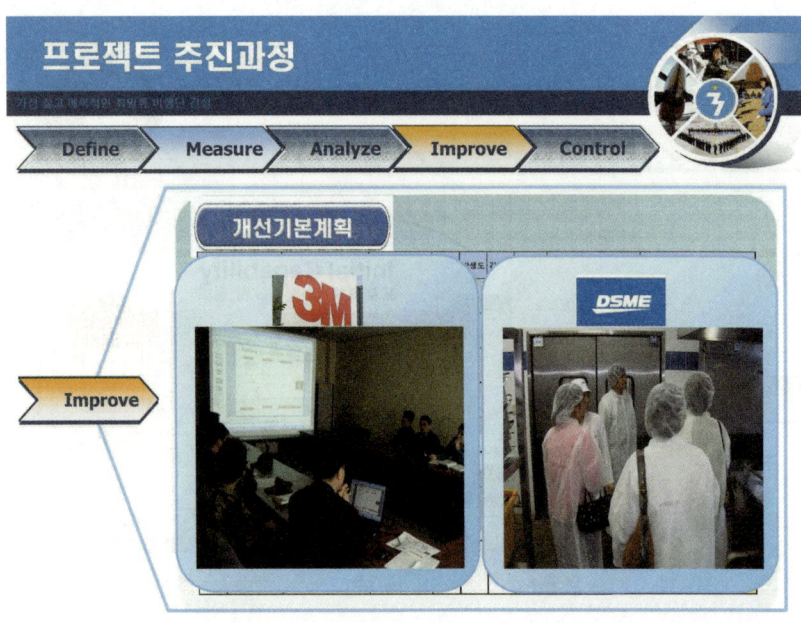

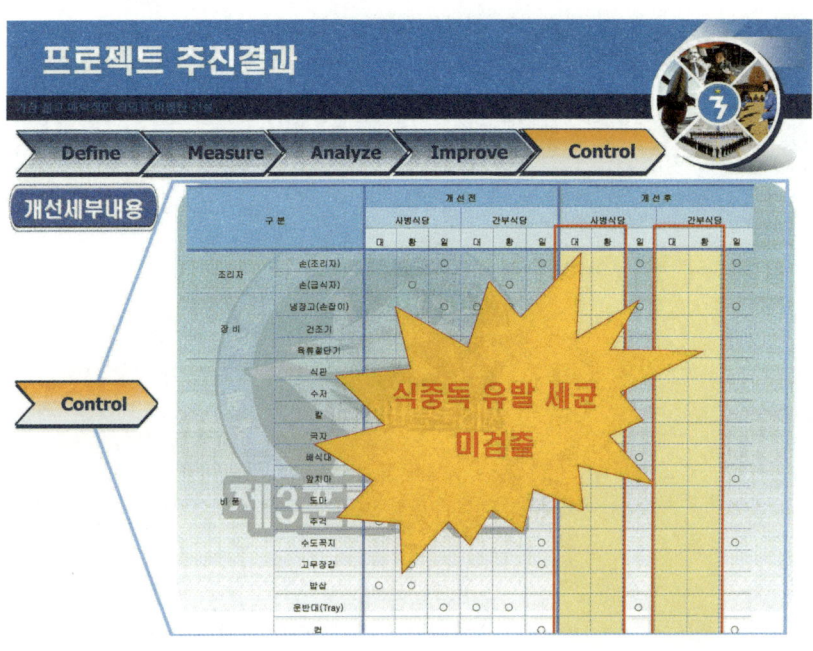

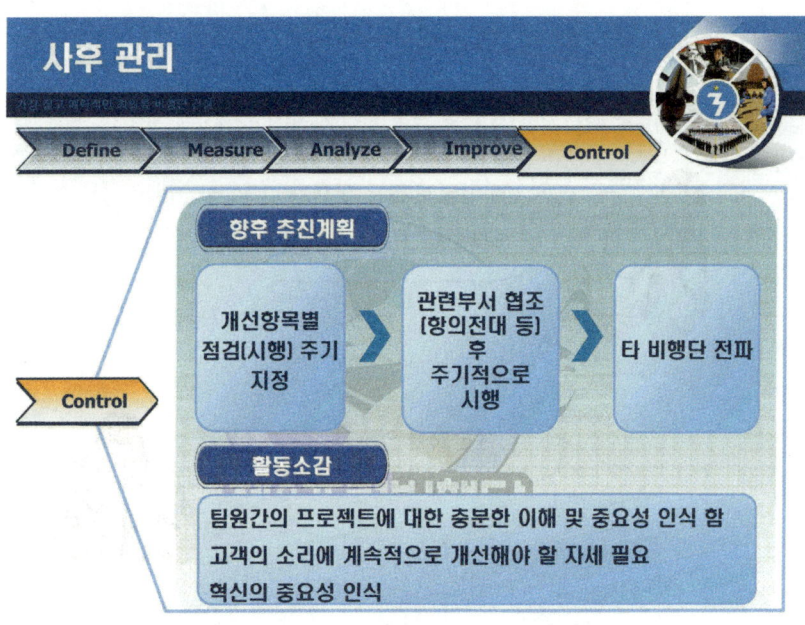

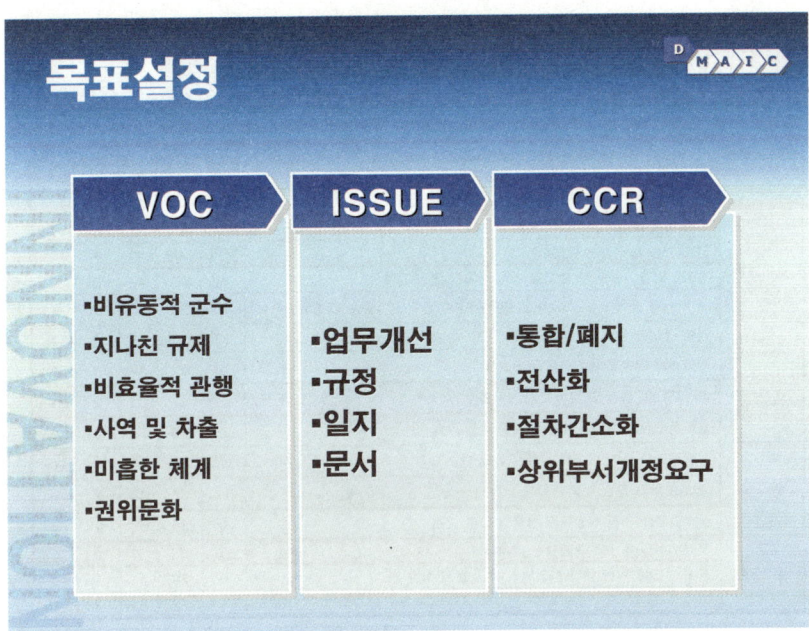

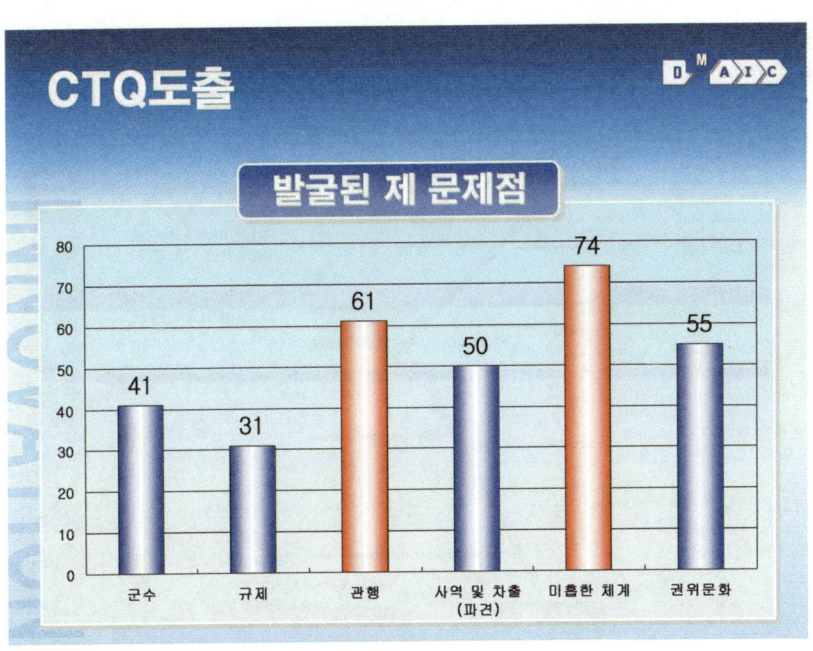

데이터 수집

문제유형	불필요한 업무 내용	매우 강함	강함	보통	약함	매우 약함
업무개선	내실없이 주기적으로 실시되는 각종교육	22	40	35	3	1
	적정주기보다 빈번하게 실시되는 각종 점검·검열	21	43	35	1	0
	병사 생활관 불침번 근무	20	32	37	6	5
	단순 반복 업무의 습관성 보고	16	43	39	1	1
	휴가, 외출, 외박 등 보고로 인한 장시간 대기 지연	16	33	43	5	3
	각 부서별 중복 업무(조달수리 요구절차, 각종신고제도 및 집행절차	13	33	52	1	1
	각종 경로를 통해 실시되는 설문조사	13	33	51	3	1
	책임소재 불분명으로 인한 업무오류	10	29	56	4	1
일 지	형식적으로 생산 및 유지되는 교육일지	26	37	35	2	1
	형식적으로 이뤄지는 각종 일지작성 및 순찰	23	38	36	2	0
규 정	시행사항에 대한 임의적 교체로 인한 단순 업무 반복(군수품 주기 등)	20	35	41	3	0
	현실에 맞지 않는 규정에 의한 낭비요소 발생(불용절차 등)	17	35	45	2	0
	상부기관에 의해 하달되는 실정과 다른 요소	9	30	57	2	1
문 서	특정부서외 업무와 관개없는 문서유통	18	29	50	2	1
	상부 보고를 위한 예하대(부서)보고 문서 하달	8	26	64	1	1
	전자문서 생산 간소화에 의한 문서 내용의 세부화	5	22	69	3	1

특성요인도

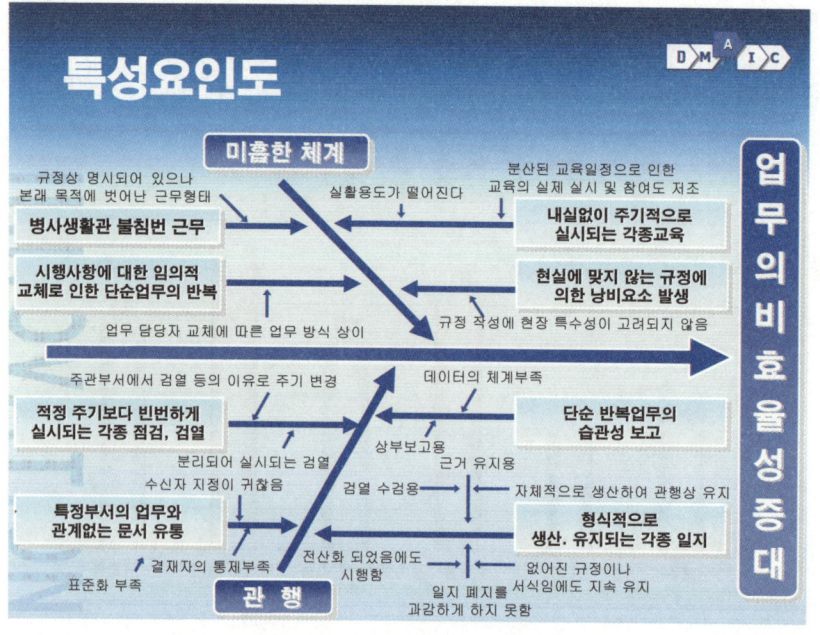

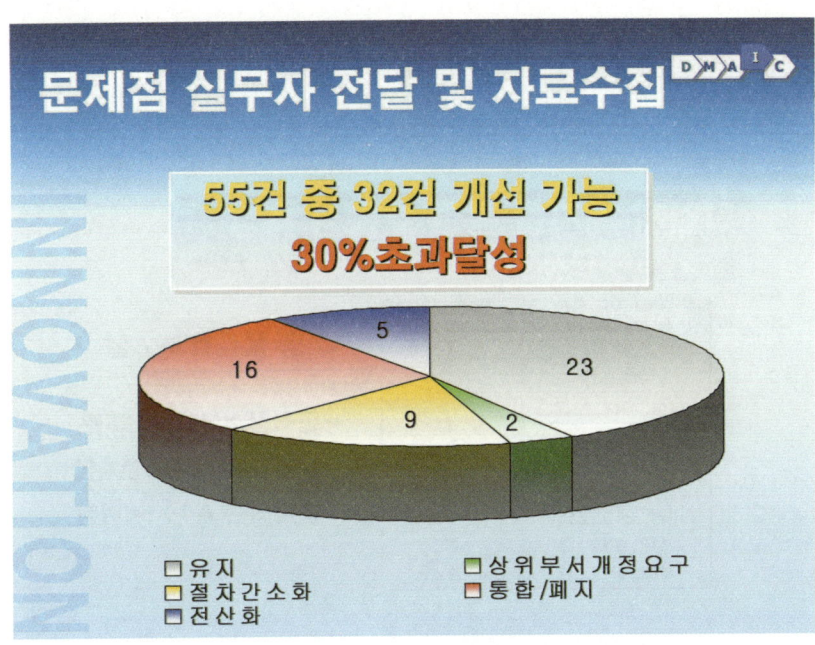

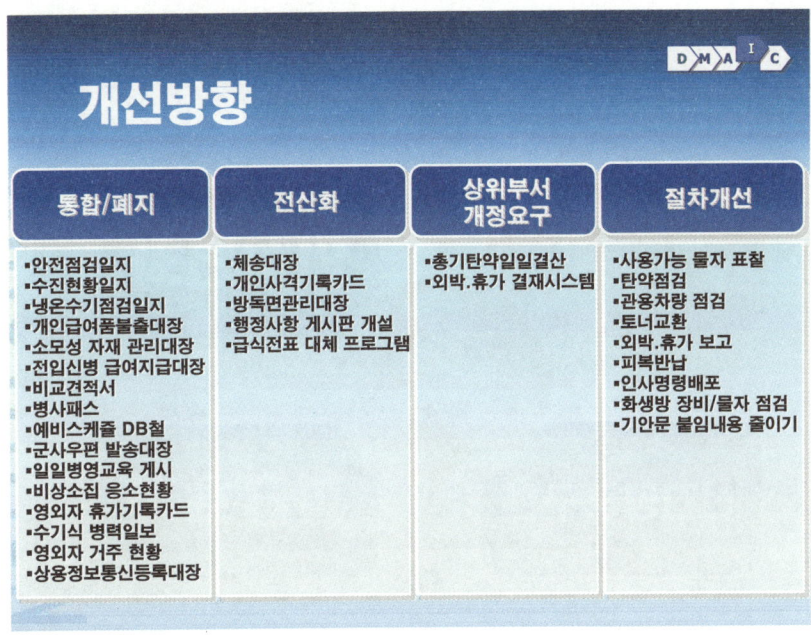

기대효과

☐일지 폐지를 통한 효율성 측정
➢ ex) 군사우편 발송대장 폐지

유지부서 (총수)	발송건수/달
헌병 (1)	7
수송 (1)	5
시설, 무대, 보급, 정통, 지원, 화지, 본중, 기상 (8)	2
기전, 군전, 운항, 비전, 213, 215, 217, 236 (8)	1
부대, 야대 (2)	3

☐ **총 절감효과 / 달**

➢인력감소(분) : 126분
  ※ 건당소요시간 3분측정
➢절약되는 A4 : 500여장

기대효과

불필요한 업무줄이기

인식변화

선진공군구현

파급효과

6시그마를 이용한 결함잡기

통신/항법 계통 결함 감소

 프로젝트 선정근거[2]

항공기 도입 이후 **ACP 결함**이 **'06년부터 급격히 증가** 되어 최우선 개선이 요구되고,
UHF/TACAN 장비는 결함빈도는 적으나 **장비중요도**가 높음으로 개선이 요구됨.

항공기 도입 후 총 결함 건수

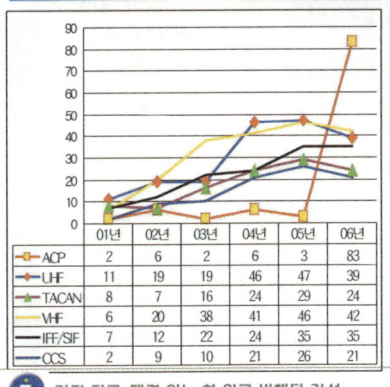

	01년	02년	03년	04년	05년	06년
ACP	2	6	2	6	3	83
UHF	11	19	19	46	47	39
TACAN	8	7	16	24	29	24
VHF	6	20	38	41	46	42
IFF/SIF	7	12	22	24	35	35
CCS	2	9	10	21	26	21

항공기 도입 후 중요 결함 건수

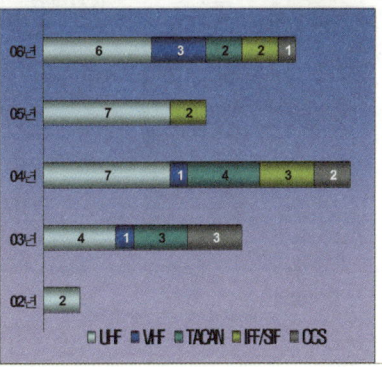

가장 젊고, 매력 있는 최 일류 비행단 건설

Copyright © 2007 by 3rd Training Wing

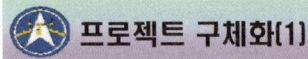

프로젝트 구체화(1)

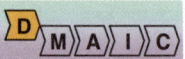

업무 흐름도[Process Mapping] 분석을 이용한 결함발생 가능요인 확인

Supplier	Input	Process	Output	Customer
❖ 통신/항법 중대 ❖ 통신/항법 정비사	❖ 기술도서 ❖ Mock-Up		❖ 결함예방 ❖ 비행지원	❖ 조종사 ❖ 일선 정비사

주요공정 : 비행 전 점검 / 비행 / 비행 후 점검

정비활동
- 비행 전 점검
  - System 작동 점검
  - Part 장착상태 점검
  - Switch 위치 점검
  - Cable 상태 점검
- 비행 후 점검
  - System 육안 점검
  - Part 장착상태 점검
  - Switch 위치 점검
  - Cable 상태 점검

가능요인
- 비행 전 점검
  - ✓ ACP 램프의 단순한 On-Off 점검
  - ✓ UHF 짧은 송/수신
  - ✓ TACAN Self Test 의존도가 높다
- 비행 후 점검
  - ✓ ACP 램프의 작동 파악 불가능
  - ✓ UHF 동작 파악 불가능
  - ✓ 지상 점검 시 TACAN 수신정보 부정확

가장 젊고, 매력 있는 최 일류 비행단 건설   Copyright © 2007 by 3rd Training Wing   6igma

---

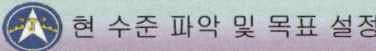

현 수준 파악 및 목표 설정

결함건수 감소를 위한 각 System별 결함감소 목표 확인

통신/항법계통 결함건수 단위 [건/Sorty]

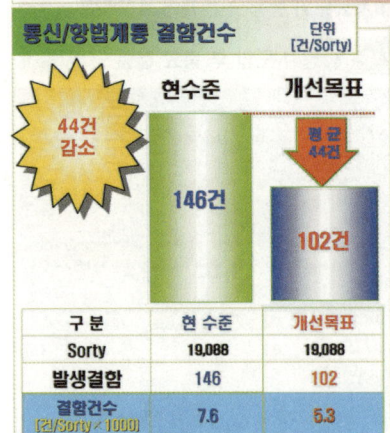

44건 감소

	현수준	개선목표
	146건	102건 (평균 44건)

구 분	현 수준	개선목표
Sorty	19,088	19,088
발생결함	146	102
결함건수 [건/Sorty × 1000]	7.6	5.3

목표설정 근거

과제목표
- ➤ 통신/항법계통결함 감소 30%
- System 별 결함원인 제거
- 개선사례 확대 적용

❑ **ACP Lamp 단락 결함개선**
- Lamp 교체
- 입력전압 감소

❑ **UHF 송/수신 감도 조절 개선**
- Squelch 감도 조절
- Tranmitter 변조도 조절

❑ **TACAN RCVR 전압 조절 개선**
- 송/수신 신호전압 조절
- Antenna Relay 전압 및 저항 측정 확인

가장 젊고, 매력 있는 최 일류 비행단 건설   Copyright © 2007 by 3rd Training Wing   6igma

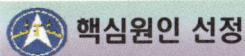
핵심원인 선정

CTQ에 영향을 미치는 잠재원인들을 분석 결과표를 통하여 핵심원인 선정

분석 결과표

※ Quick Action : 현장에서 즉시 개선 가능한 사항

순번	잠재원인	분석 방법	분석 내용	핵심원인 여부
2	UHF 송/수신 감도 저하 (Squelch, Transmitter))	Mock-Up장비 감도 측정	➤고온 다습등 환경적인 악 영향이 Radio Squelch 감도 및 Transmitter 변조율에 영향을 미침을 확인	채택
5	Switching Unit 접촉 불량 결함 증가	Switching Unit 분해 조립	➤ 작동자에 의한 Knob의 유격이 진행 됨을 확인하였으나, 빠른 시간에 결함 수정 가능함.	Quick Action
6	TACAN Relay 접촉불량 및 코일 감도 저하	Mock-Up장비 Bench Check	➤ 한 개의 Antenna 지속 사용으로 감도가 저하 되었으나, No1과 2의 간단한 교체만으로 결함 수정 가능함.	Quick Action
8	발열 상태의 ACP Lamp에 Arcking 증가	항공기 점검 (Run-Up)	➤항공기 시동 시 전압이 급격히 Down 되고, Lamp 발열 중 후방석 ACP의 동작으로 Arcking 발생함을 확인	채택
10	지상 점검 시 TACAN 거리 및 방위 신뢰성 상실	Mock-Up장비 Bench Check	➤ TACAN 송신소와 주기 항공기간의 장애물 및 수신 각도로 인한 오 작동 및 RVVR 전압 차이로 RF 감도가 낮아 짐을 확인	채택

가장 젊고, 매력 있는 최 일류 비행단 건설   Copyright © 2007 by 3rd Training Wing   igma

---

개선방안 평가/선정

개선방안 중 실행 우선순위 및 채택여부를 개선방안 선정표를 통하여 결정

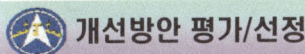
개선방안 선정표 [Solution Selection Matrix]

		범례	높음	중간	낮음	아주 낮음
			7	5	3	1

순번	개선방안	평가항목				합계	순위	판정
		개선 효과	시간 효과	비용 효과	용이성			
1	UHF Squelch Level 조절	3	7	5	5	20	4	채택
2	UHF Transmitter 변조율 조절	3	5	5	5	18	5	채택
3	ACP Lamp를 LED로 교체	7	7	7	5	26	1	채택
4	ACP 입력 전원 5[V]감소	7	7	5	5	24	2	채택
5	TACAN RCVR 전압 조절	5	5	7	5	22	3	채택

※ 판정기준 : 합계점수 총 28점 중 15점 미만 개선방안 항목은 기각 함

가장 젊고, 매력 있는 최 일류 비행단 건설   Copyright © 2007 by 3rd Training Wing   igma

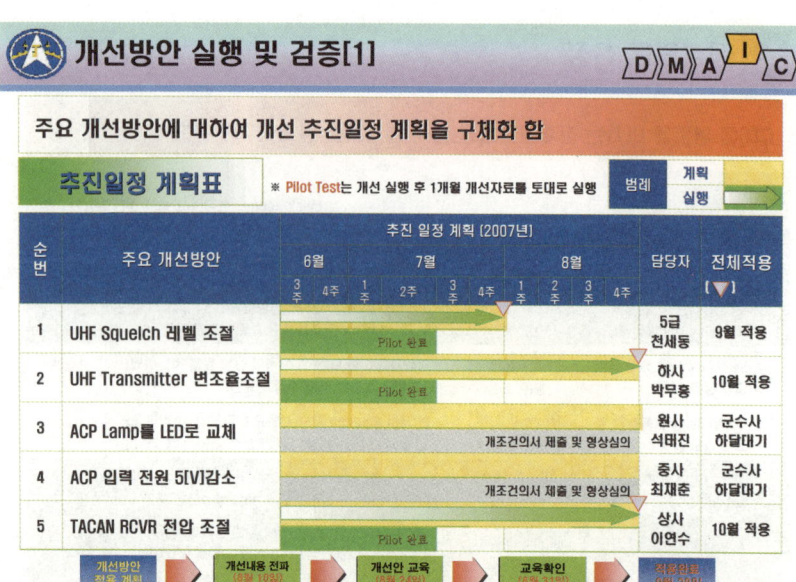

개선방안 실행 및 검증[1]   D M A I C

주요 개선방안에 대하여 개선 추진일정 계획을 구체화 함

추진일정 계획표   ※ Pilot Test는 개선 실행 후 1개월 개선자료를 토대로 실행   범례 계획 실행

순번	주요 개선방안	추진 일정 계획 [2007년] 6월	7월	8월	담당자	전체적용
1	UHF Squelch 레벨 조절	Pilot 완료			5급 천세동	9월 적용
2	UHF Transmitter 변조율조절	Pilot 완료			하사 박무용	10월 적용
3	ACP Lamp를 LED로 교체		개조건의서 제출 및 형상심의		원사 석태진	군수사 하달대기
4	ACP 입력 전원 5[V]감소		개조건의서 제출 및 형상심의		중사 최재준	군수사 하달대기
5	TACAN RCVR 전압 조절	Pilot 완료			상사 이연수	10월 적용

개선방안 적용 계획 → 개선내용 전파 (6월 10일) → 개선안 교육 (6월 24일) → 교육확인 (6월 31일) → 적용완료 (9월 28일)

가장 젊고, 매력 있는 최 일류 비행단 건설   Copyright © 2007 by 3rd Training Wing   6igma

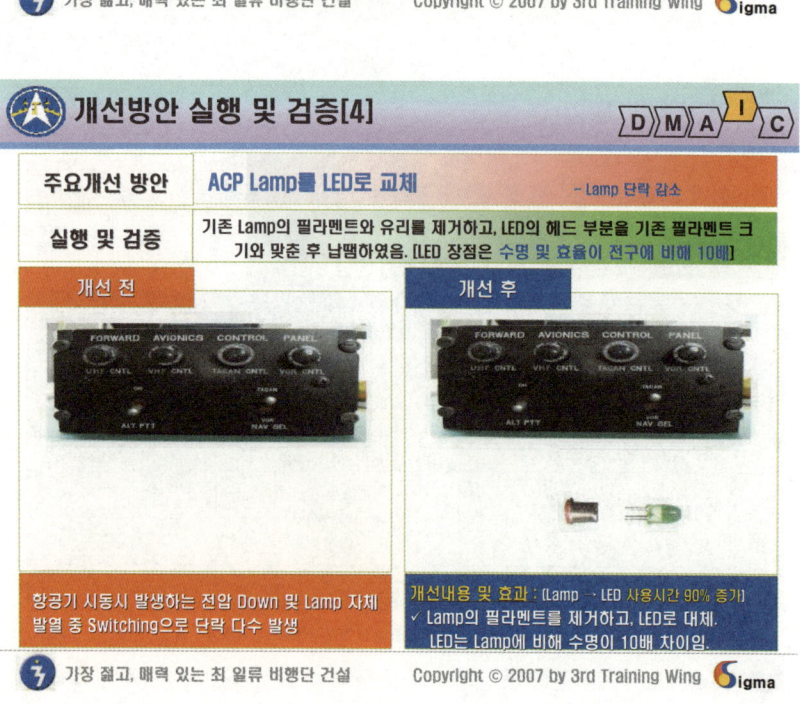

개선방안 실행 및 검증[4]   D M A I C

주요개선 방안	ACP Lamp를 LED로 교체 - Lamp 단락 감소
실행 및 검증	기존 Lamp의 필라멘트와 유리를 제거하고, LED의 헤드 부분을 기존 필라멘트 크기와 맞춘 후 납땜하였음. [LED 장점은 수명 및 효율이 전구에 비해 10배]

개선 전

항공기 시동시 발생하는 전압 Down 및 Lamp 자체 발열 중 Switching으로 단락 다수 발생

개선 후

개선내용 및 효과 : [Lamp → LED 사용시간 90% 증가]
✓ Lamp의 필라멘트를 제거하고, LED로 대체.
   LED는 Lamp에 비해 수명이 10배 차이임.

가장 젊고, 매력 있는 최 일류 비행단 건설   Copyright © 2007 by 3rd Training Wing   6igma

 # 개선방안 실행 및 검증[5]

주요개선 방안	**ACP 전압 5[V] DC 감소**
	– Receiver 동조비율 감소
실행 및 검증	Lamp Socket의 전압 Line 일부를 절단하고, 저항 500 [Ω]을 추가 장착하여 입력 전원 DC 28[V]를 DC 23[V]로 감소[필라멘트 전압강하 및 열 감소로 단락에 방]

개선 전	개선 후

| 항공기 시동 시 발생하는 전압 Down 및 Lamp 자체 발열 중 Switching으로 단락 다수 발생. | 개선내용 및 효과 : 500[Ω] 저항장착 · [필라멘트 보호] ✓ Lamp Socket의 전선을 제거하고, 500[Ω]을 장착 하여 Lamp 입력 전원을 DC 23[V]로 전압을 감소. |

가장 젊고, 매력 있는 최 일류 비행단 건설   Copyright © 2007 by 3rd Training Wing 🔶igma

---

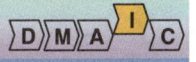 # 개선방안 실행 및 검증[8] D M A I C

개선방안 실행을 통한 통신/항법 계통 결함 감소의 성과 확인

CTQ : 통신항법 계통 결함건수

1. 계통별 개선효과 (6월 기준)

계 통	개선 내용	개선 전	개선 후	개선 효과	절감율
UHF	✓ Squelch Level 조절 ✓ransmitter 변조율 조절	13	5	8	61.5%
ACP	✓ ACP 램프 교체 ✓ 500[Ω]저 항장착	7	진행	진행	진행
TACAN	✓ RCVR 전압 교정	2	0	2	100%
[Total]		22	5	10	54.5%

2. 개선결과 분석 ※ 6월 UHF 및 TACAN 결함만 분석함.

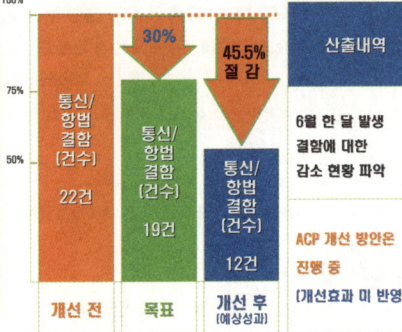

산출내역
6월 한 달 발생 결함에 대한 감소 현황 파악
ACP 개선 방안은 진행 중 (개선효과 미 반영)

가장 젊고, 매력 있는 최 일류 비행단 건설   Copyright © 2007 by 3rd Training Wing 🔶igma

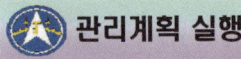 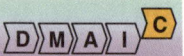

개선방안이 유지될 수 있도록 관리 항목별 **관리계획 실행**

관리 계획 실행

관리 핵심 요인 (What)	관리 방법 (Method)	실 시 여 부
월간 결함 건수 실적관리 (AMMIS)	▪ AMMIS신뢰성 ⇒ 정비 이력관리 　　　　　　⇒ 부품 정비 이력관리	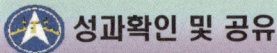
장비 관리표 부착	▪ Mock-Up 장비 앞 부착	
주기검사 점검 관리	▪ 주기검사 1ST HPO (500시간)	· 1 ST HPO (125 시간)　· 1 ST PE (500 시간) · 2 ND HPO (250 시간)　· 2 ND PE (1000 시간)
항공기에 제습관리	▪ 항공기 좌석 제습 ▪ 항공전자 격실 제습	
결함예방 교육	▪ 월 1회 정비 교육의 날 　집합 교육실시	

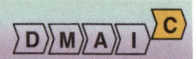

개선에 따른 **재무성과** 및 **무형의 효과** 확인

재무성과
　　　　　　　　　　　　　　　　　　　※ 상세 내용은 보급정보체계(ASIS 2000) 자료 참조

항 목	산출근거	비 고
❑ ACP Lamp	❖ ACP Lamp 교체 비용에 대한 **절감 금액** · Lamp 절감비 (원) = 개선 전 재료비 – 개선 후 재료비 　　197,060 = 238,560 – 41,500 · **ACP Lamp 절감 효과 금액 (원)** = Lamp 단가 X 결함 예방 건수	UHF 및 TACAN은 재무성과에서 기각함

무형 효과
✓ UHF, TACAN 결함은 06년 6월 비교 15건 대비 5건으로 감소

공유 및 확산
✓ TACAN 전압 조정법은 1비, 15비 및 86 창에 기술 전수하고, ACP Lamp 개조는 HWAK 기종과 기술교류

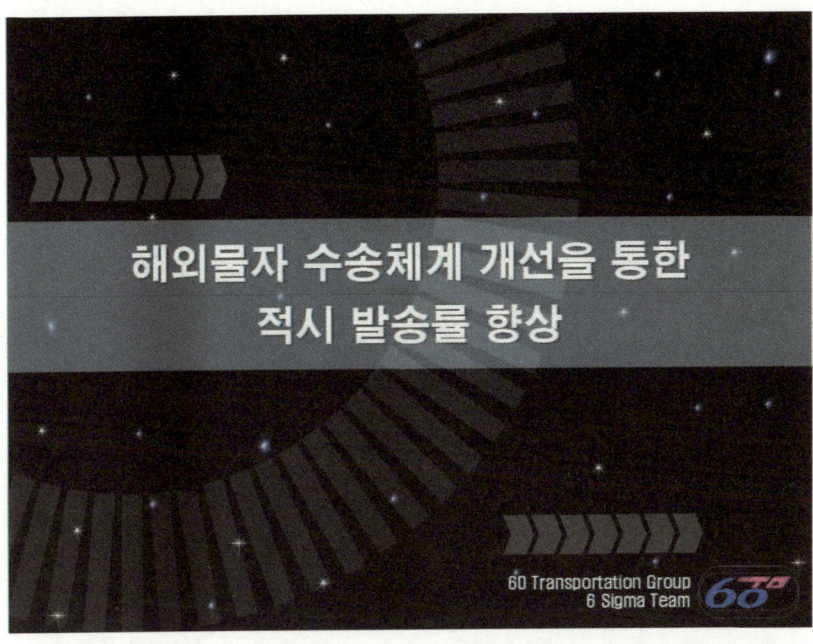

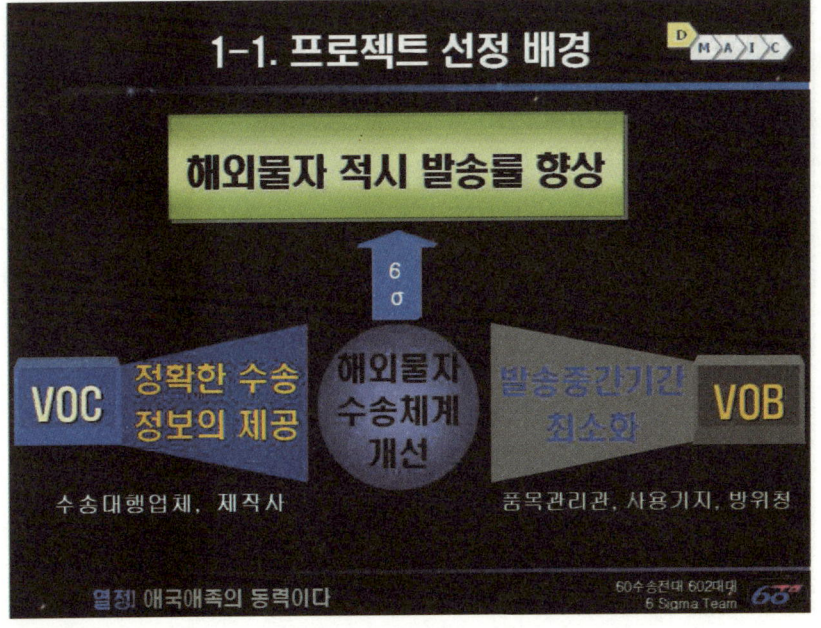

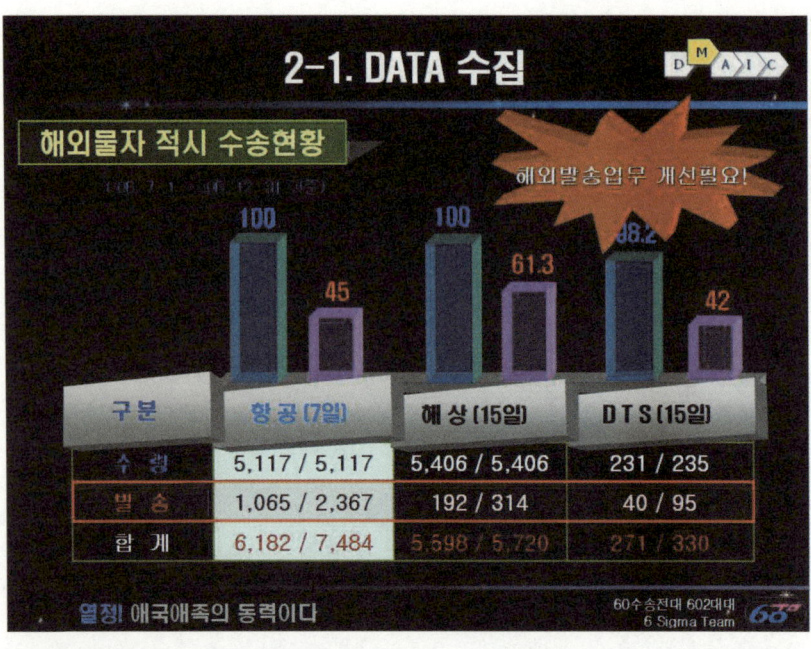

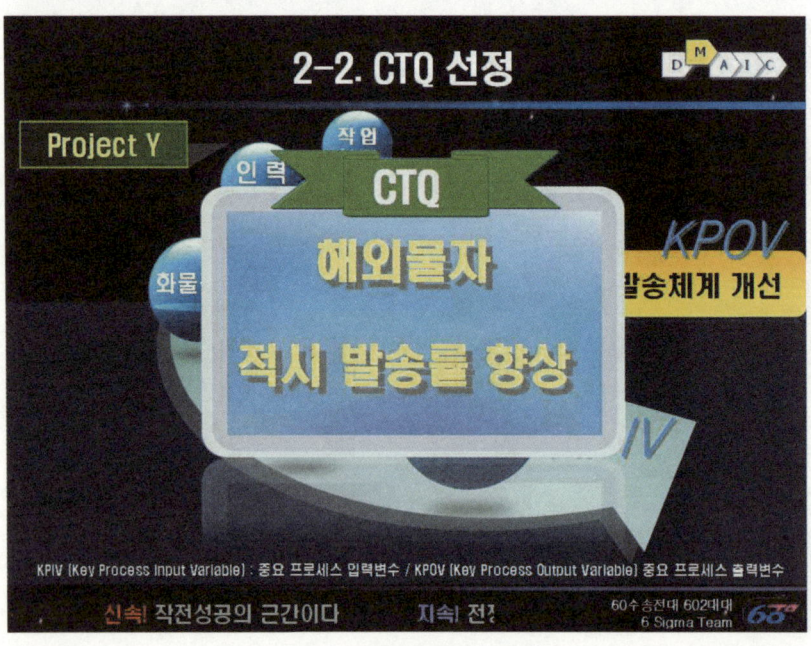

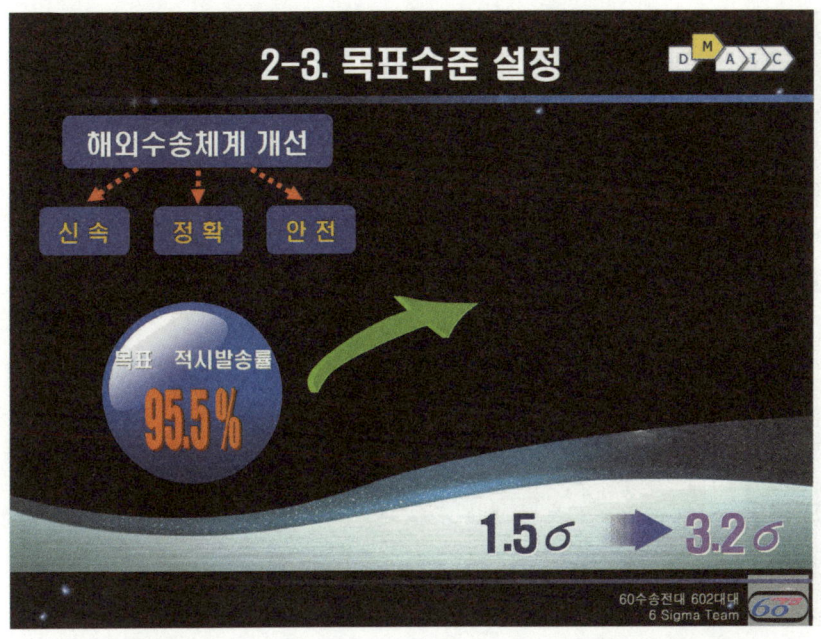

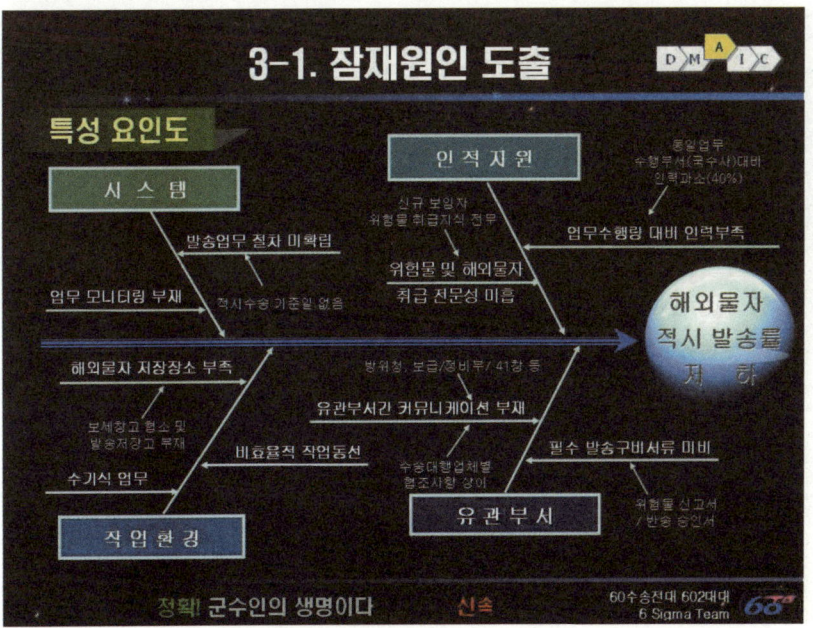

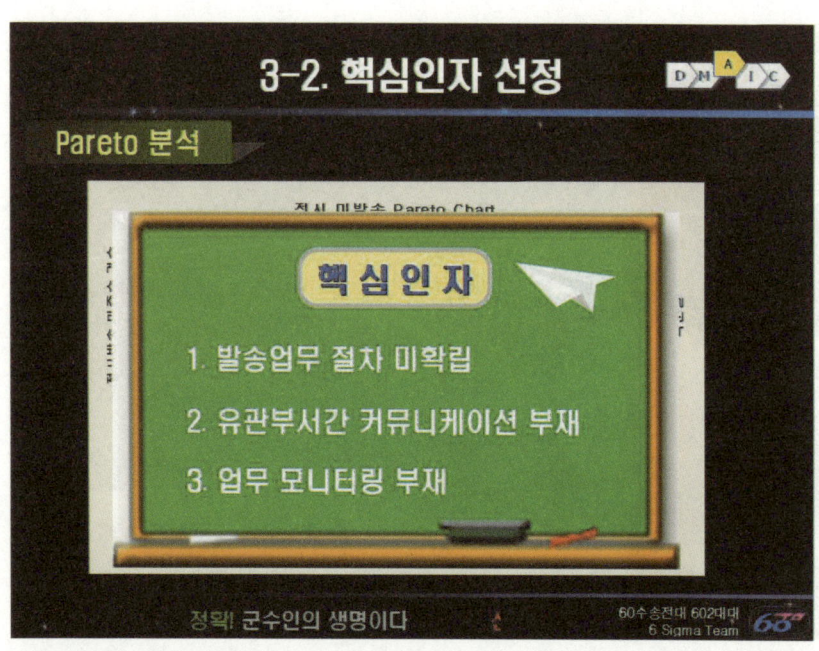

3-2. 핵심인자 선정

Pareto 분석

전시 미방송 Pareto Chart

핵심인자

1. 발송업무 절차 미확립

2. 유관부서간 커뮤니케이션 부재

3. 업무 모니터링 부재

정확! 군수인의 생명이다

60수송전대 602대대
6 Sigma Team

4-2. 개선방안 평가/선정

Dot-Voting

개선안		검토항목 가중치	6 Sigma 효과 0.5	개선 용이성 0.3	시너지 효과 0.2	합계 1	실행 순위	비고
1	발송업무 절차 확립	DTS 개선	90	80	90	87	1	미군 협조
2		구비서류 확보	90	70	30	72	5	
3		혼합포장법	70	90	40	70	7	
4		방부포장 시행	60	40	50	52	기각	
5	커뮤니케이션 증 대	발송 워크샵	90	90	40	86	2	
6		F-15K 회의	80	70	50	71	6	
7		업무견학	30	80	30	45	기각	
8	업 무 모니터링	BSC 구축	80	90	70	81	3	지속 추진
9		DB 구축	80	80	70	78	4	장기 개선
10		현장확인	40	40	50	42	기각	

정확! 군수인의 생명이다   신속

60수송전대 602대대
6 Sigma Team

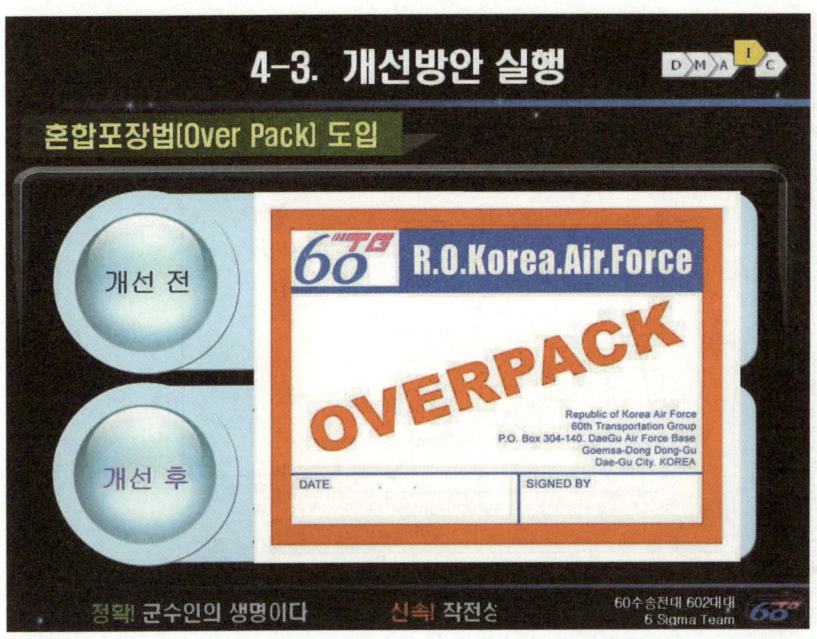

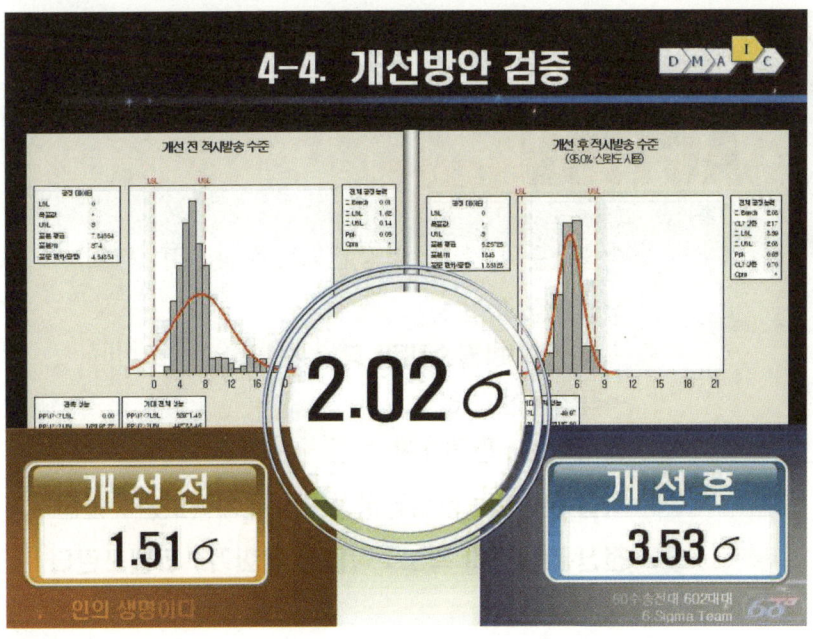

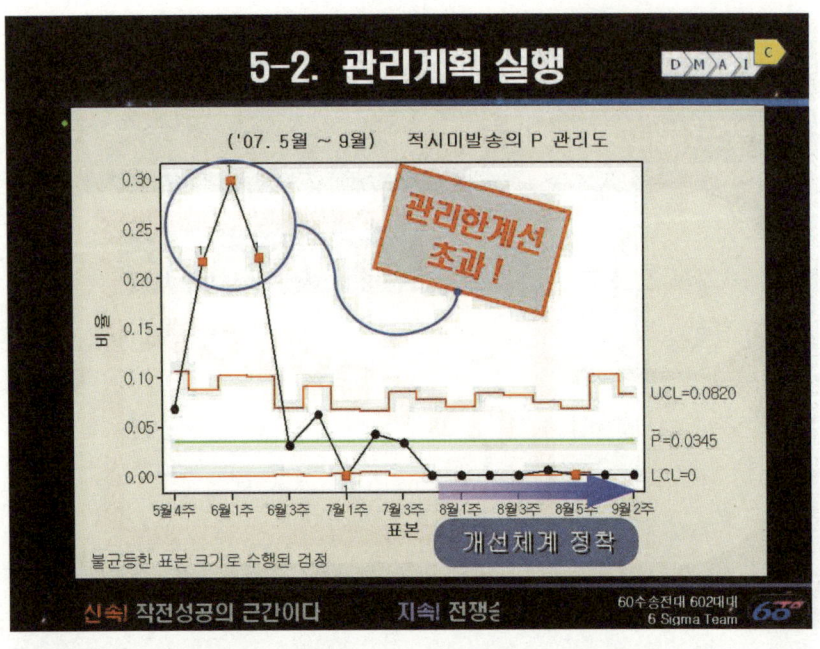

5-2. 관리계획 실행

('07. 5월 ~ 9월)   적시미발송의 P 관리도

관리한계선 초과!

개선체계 정착

UCL=0.0820
P̄=0.0345
LCL=0

5월4주 6월1주 6월3주 7월1주 7월3주 8월1주 8월3주 8월말 9월2주
표본

불균등한 표본 크기로 수행된 검정

5-3. 장기추진 과제

ACTION ITEMS

1. 수송기준일 단축 : 항공 (5일) , 해상 / DTS (7일)
2. 작업환경 개선
   - 공간 확보(발송대기 창고/보세창고)
   - 작업동선 관리
3. 인력확보 : 편제개편 상신
4. 작업 전산화 : 장비정비정보체계 지속보완 / 활용
5. 전산·통신장비 확보 : 작업장 전화기 / 라벨프린터

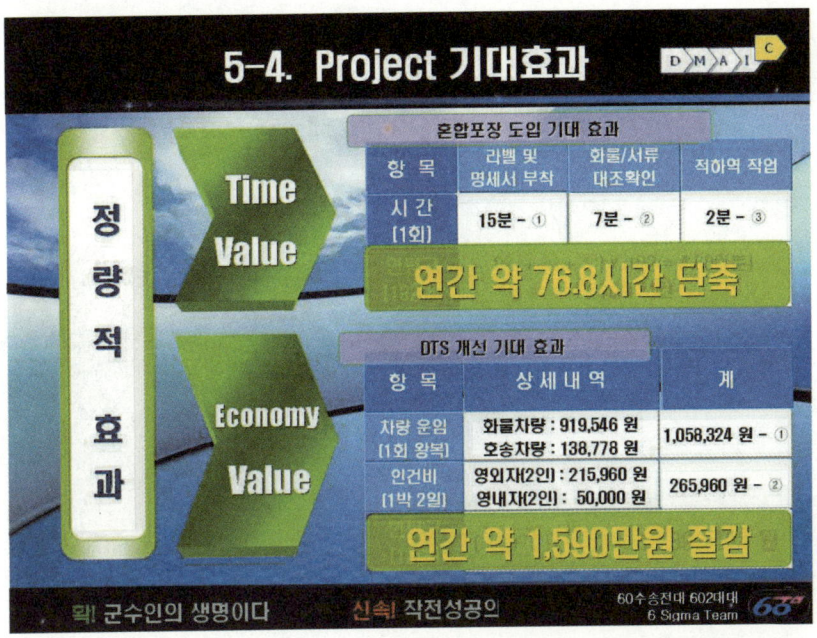

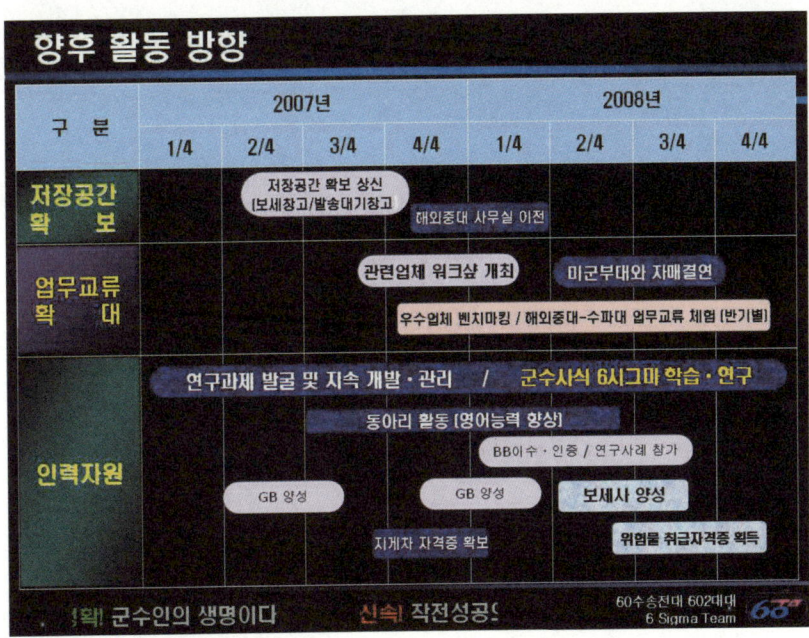

F-4 Bell Crank 작업방법 개선으로 작업시간 감소

소속 : 제 82항공정비창
프로젝트 팀 : 맥스팀
발표자 : 하사 안상훈

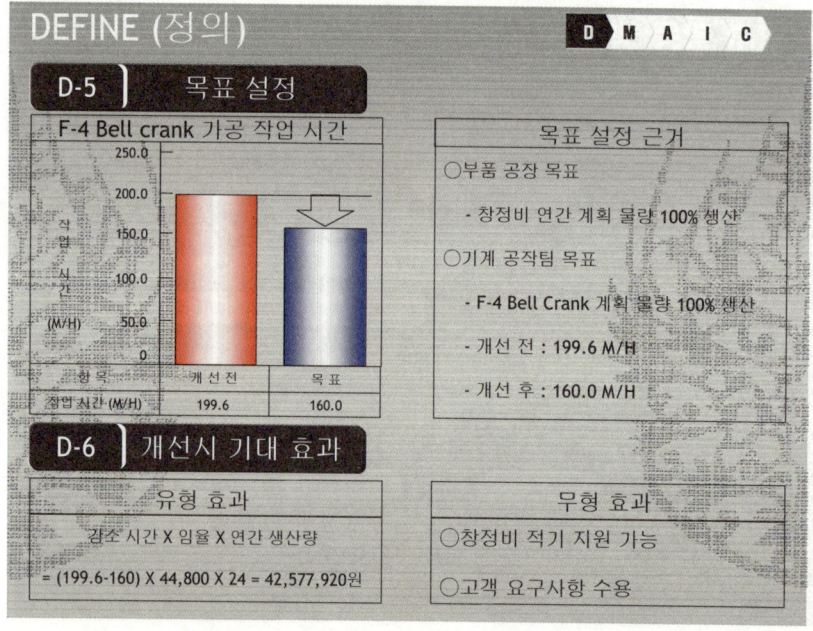

DEFINE (정의)

D M A I C

D-5 목표 설정

F-4 Bell crank 가공 작업 시간

항목	개선 전	목표
작업시간 (M/H)	199.6	160.0

목표 설정 근거

○부품 공장 목표

- 창정비 연간 계획 물량 100% 생산

○기계 공작팀 목표

- F-4 Bell Crank 계획 물량 100% 생산

- 개선 전 : 199.6 M/H

- 개선 후 : 160.0 M/H

D-6 개선시 기대 효과

유형 효과

감소 시간 X 임율 X 연간 생산량

= (199.6-160) X 44,800 X 24 = 42,577,920원

무형 효과

○창정비 적기 지원 가능

○고객 요구사항 수용

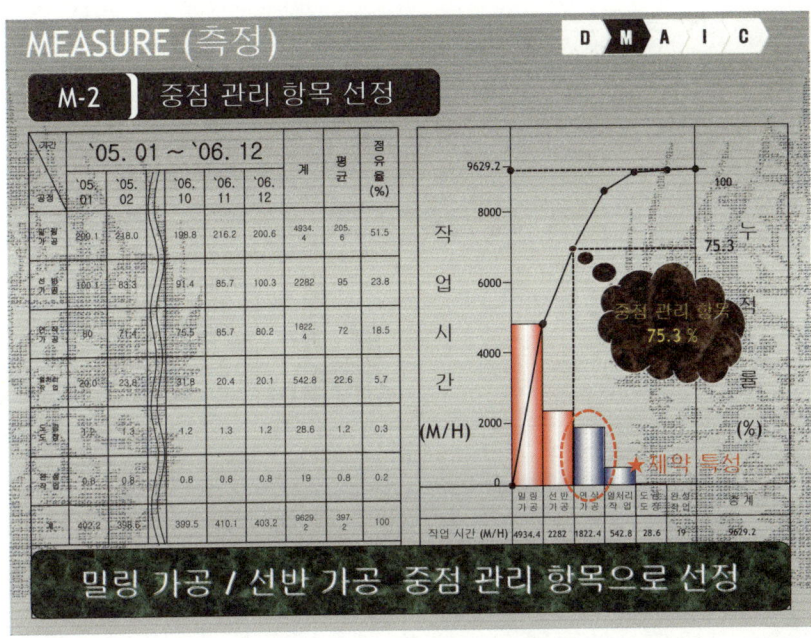

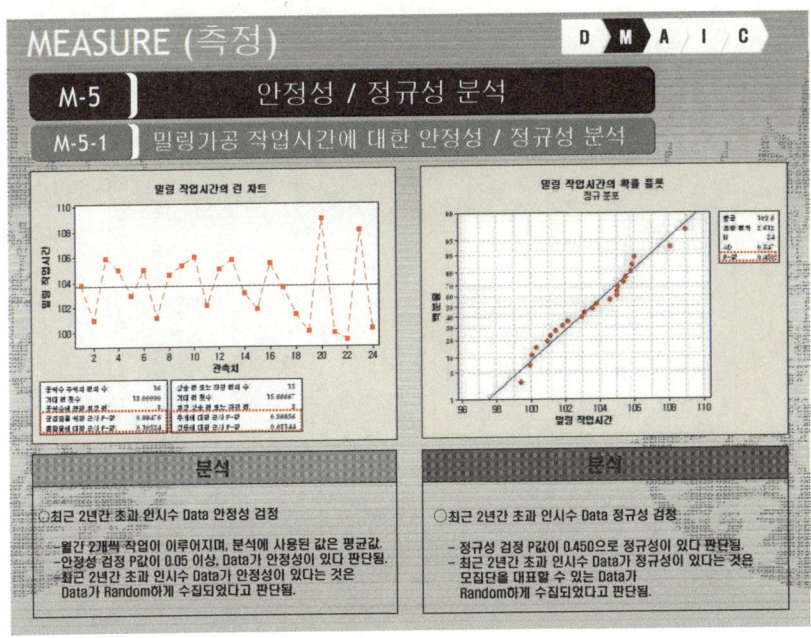

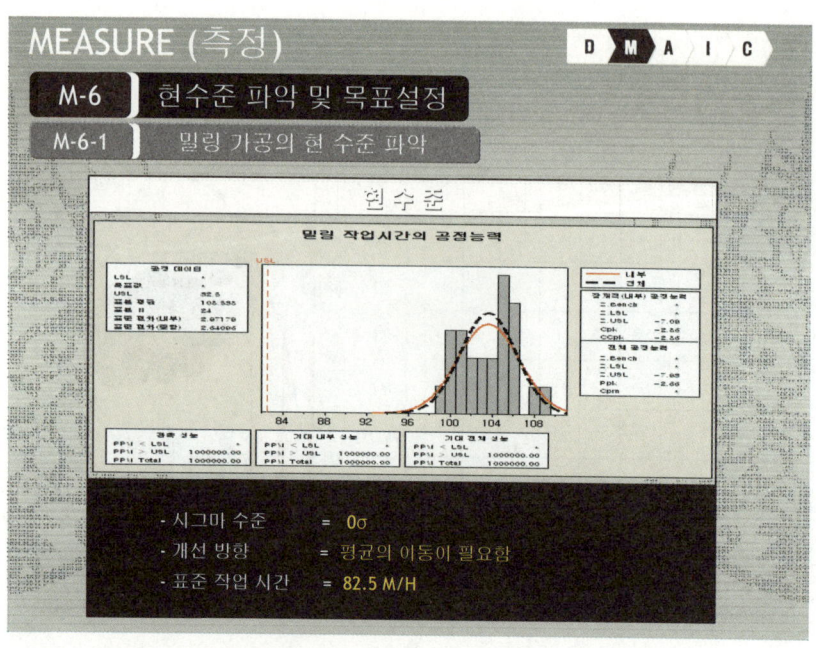

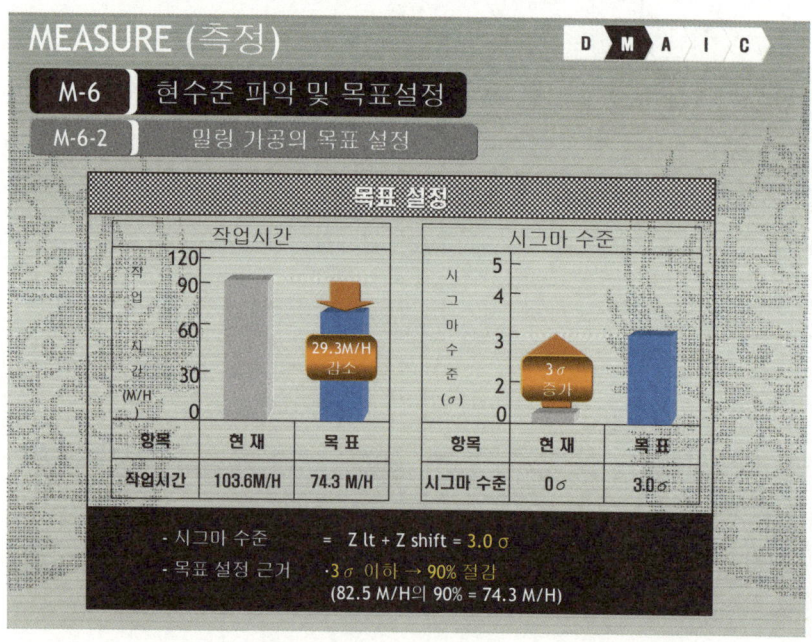

A-1] 잠재인자 도출 / 특성요인도

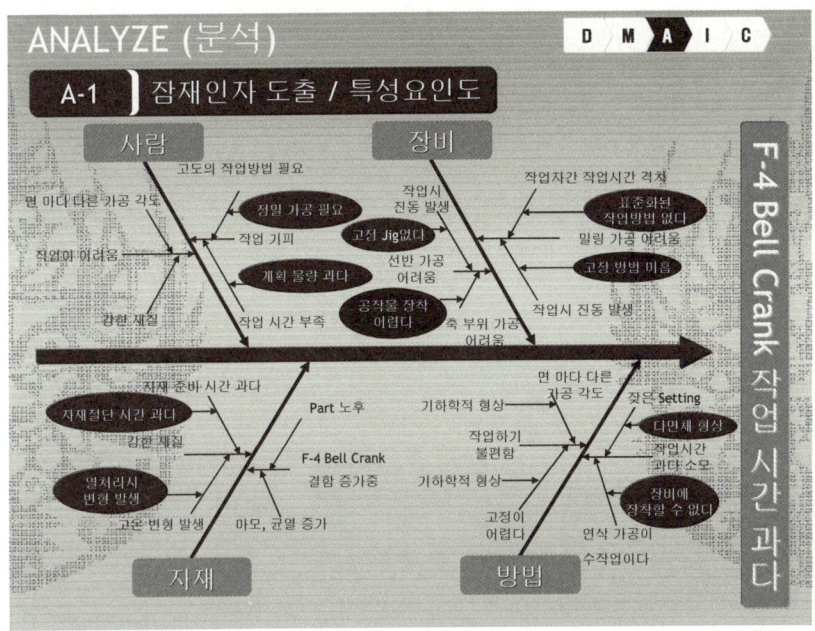

A-2]   Multi Voting

범례	중요	보통	적다	점수	판정
	6~5명	4~3명	2~1명	10점이상	채택
	5			10점미만	기각

문제점	항목	1차원인	2차원인	3차원인	시급성	효과	개선	계	판정
F-4 Bell Crank 작업 시간 과다	장비	밀링가공 시간과다	작업시 진동 발생	고정 방법 미흡	3	3	5	11	채택
			작업자간 작업시간 격차	표준화된 작업 방법 없다	3	5	5	13	채택
		선반가공 시간과다	작업시 진동 발생	고정 Jig 없다	3	5	3	11	채택
			축 부위 가공 어렵다	공작물 장착 어렵다	3	3	3	9	기각
	사람	작업 기피	고도의 작업 방법 필요	정밀 가공 필요	1	1	1	3	기각
			작업 시간 부족	계획 물량 과다	1	1	1	3	기각
	방법	작업시간 과다소모	잦은 Setting	다면체 형상이다	1	3	1	5	기각
			연삭가공이 수작업이다	장비에 장착 할 수 없다	5	5	3	13	채택
	자재	재질특성	자재준비 시간 과다	자재 절단 시간 과다	1	1	1	3	기각
			고온 변형 발생	열처리시 변형 발생	3	3	1	7	기각

○ 연삭 가공 수작업의 작업시간 과다는 F-4 Bell Crank 정밀도와 밀접하여 제약특성 항목으로 선정하여 분석/개선 한다.

I-2-2) 선반 가공 고정 Jig 사용

문제점	선반 가공시 고정 방법에 따라 작업시간 초과 발생

P 대책안 : 전용 Jig 제작
실시계획 : 실험 계획법을 이용, 최적의 인자 도출 위해
Jig에 고정 방법과 Center 고정 방법의
수준을 정한 후 실험을 실시한다.

일정	'07.10.15~'07.11.02
담당자	이광문, 조환성

D 1. 완전 요인 설계
요인 : 2, 기준 설계 : 2, 4
실험 : 8, 사본 : 2
블록 수 : 1 중심점(총계) : 0

실험조건	고정부	센터 고정
-	①	①
+	②	②

2. 실험 데이터

StdOrder	RunOrder	중심점	블록	고정부	센터고정	작업시간
1	1	1	1	1	1	48.1
2	2	1	1	2	1	30.5
3	3	1	1	1	2	25.6
4	4	1	1	2	2	27.4
5	5	1	1	1	1	48.0
6	6	1	1	2	1	30.4
7	7	1	1	1	2	25.4
8	8	1	1	2	2	27.3

○ F-4 Bell Crank   ○ 센터 고정

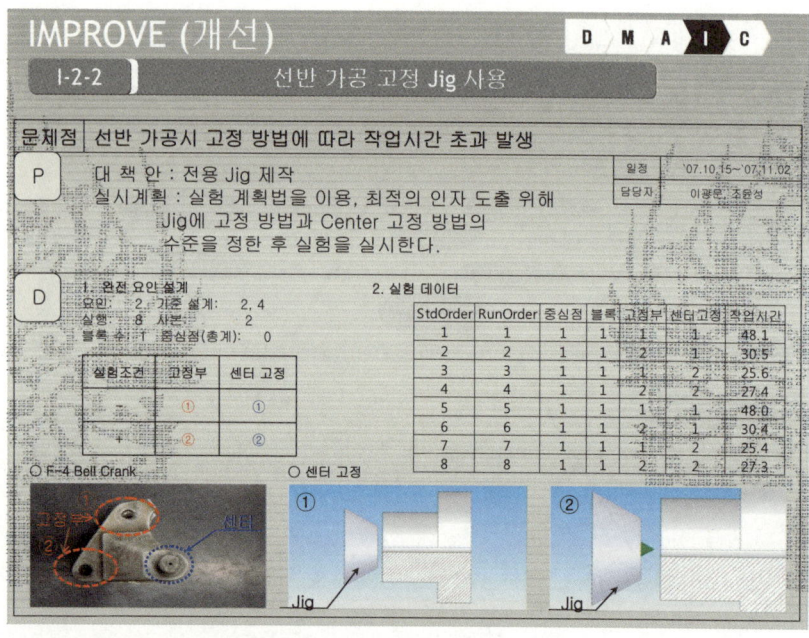

① Jig   ② Jig

2. F-4 Bell Crank 선반 고정용Jig

3. 개선 전 후 고정방법 비교

개선 전	개선 후

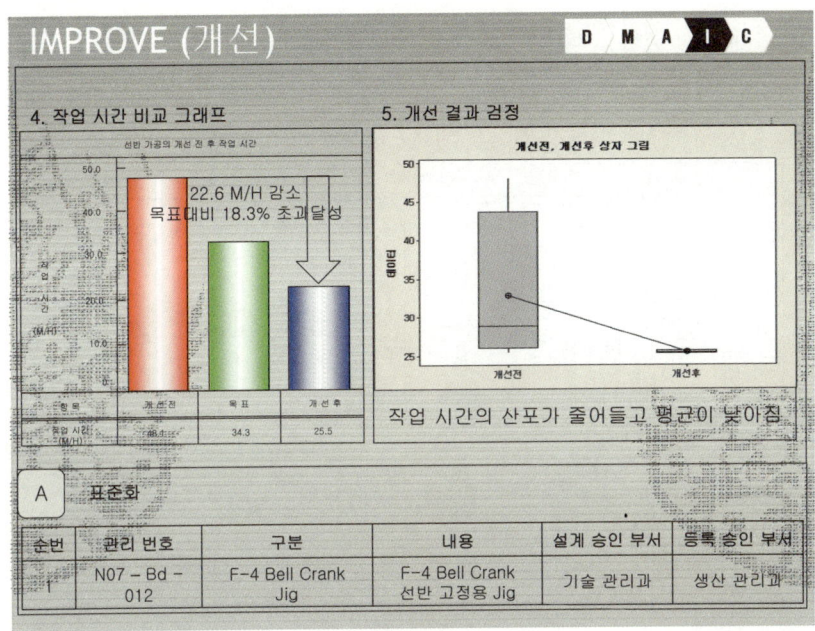

IMPROVE (개선)

4. 작업 시간 비교 그래프

선반 가공의 개선 전 후 작업 시간

22.6 M/H 감소
목표대비 18.3% 초과달성

항 목	개선전	목표	개선 후
작업 시간 (M/H)	48.0	34.3	25.5

5. 개선 결과 검정

개선전, 개선후 상자 그림

작업 시간의 산포가 줄어들고 평균이 낮아짐

A 표준화

순번	관리 번호	구분	내용	설계 승인 부서	등록 승인 부서
1	N07 – Bd – 012	F-4 Bell Crank Jig	F-4 Bell Crank 선반 고정용 Jig	기술 관리과	생산 관리과

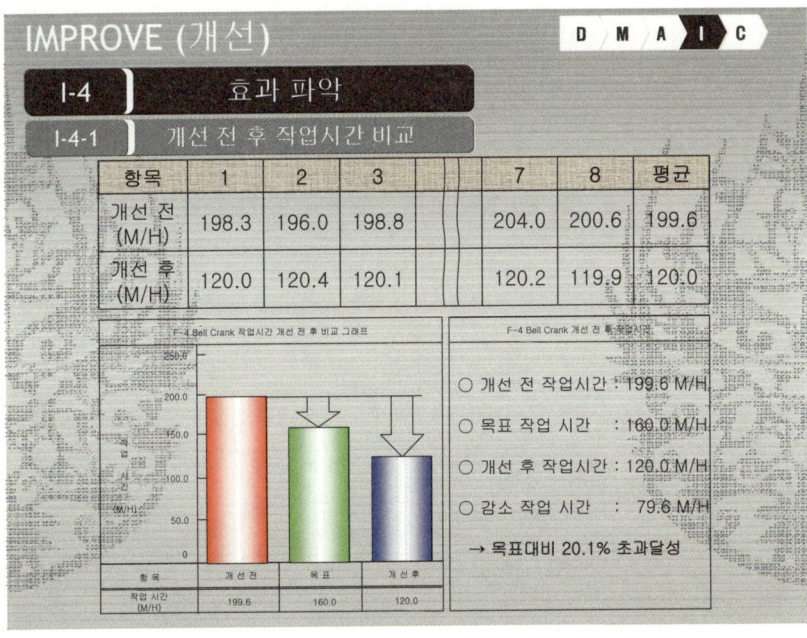

IMPROVE (개선)

I-4   효과 파악

I-4-1   개선 전 후 작업시간 비교

항목	1	2	3		7	8	평균
개선 전 (M/H)	198.3	196.0	198.8		204.0	200.6	199.6
개선 후 (M/H)	120.0	120.4	120.1		120.2	119.9	120.0

F-4 Bell Crank 작업시간 개선 전 후 비교 그래프

항목	개선전	목표	개선 후
작업 시간 (M/H)	199.6	160.0	120.0

F-4 Bell Crank 개선후 작업시간

○ 개선 전 작업시간 : 199.6 M/H

○ 목표 작업 시간 : 160.0 M/H

○ 개선 후 작업시간 : 120.0 M/H

○ 감소 작업 시간 : 79.6 M/H

→ 목표대비 20.1% 초과달성

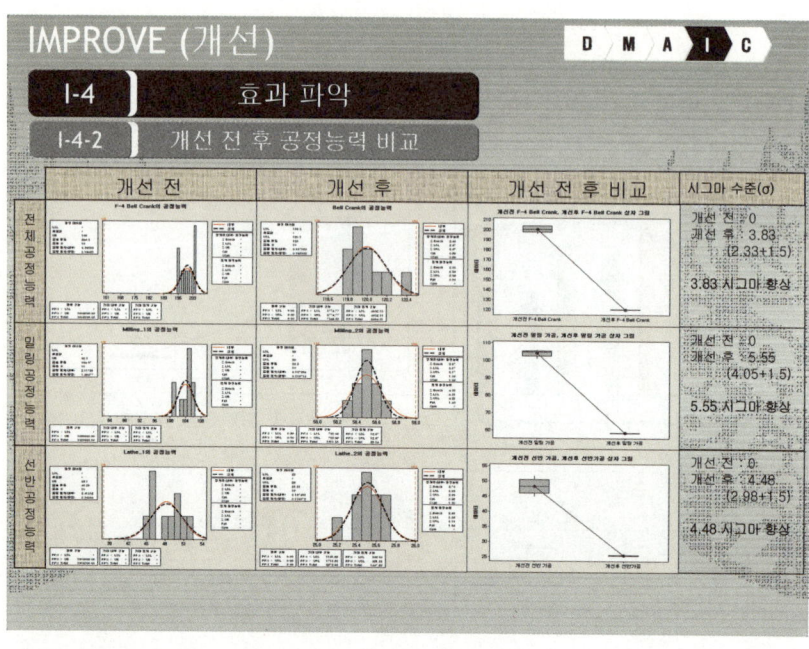

IMPROVE (개선)

D M A **I** C

I-4	효과 파악
I-4-2	개선 전 후 공정능력 비교

	개선 전	개선 후	개선 전후 비교	시그마 수준(σ)
전체공정능력				개선 전 : 0 개선 후 : 3.83 (2.33+1.5) 3.83 시그마 향상
밀링공정능력				개선 전 : 0 개선 후 : 5.55 (4.05+1.5) 5.55 시그마 향상
선반공정능력				개선 전 : 0 개선 후 : 4.48 (2.98+1.5) 4.48 시그마 향상

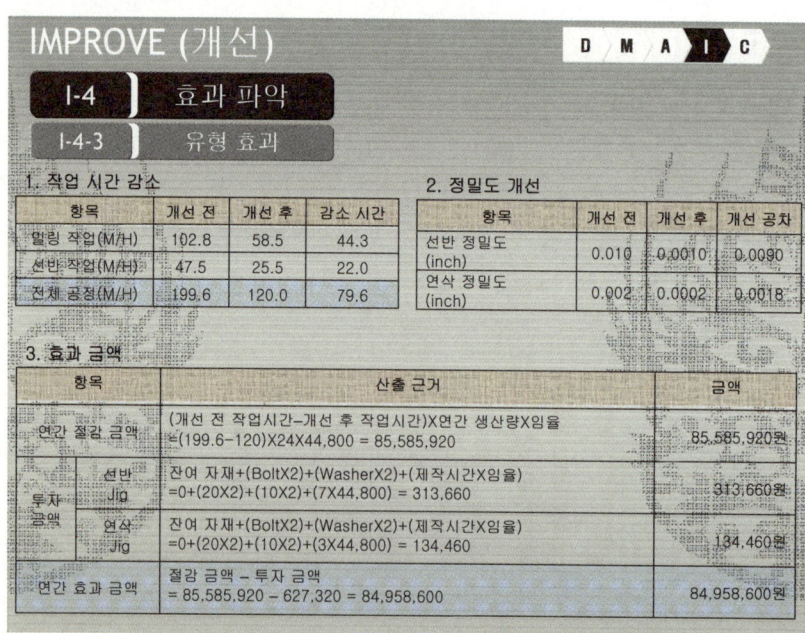

IMPROVE (개선)

D M A **I** C

I-4	효과 파악
I-4-3	유형 효과

1. 작업 시간 감소

항목	개선 전	개선 후	감소 시간
밀링 작업(M/H)	102.8	58.5	44.3
선반 작업(M/H)	47.5	25.5	22.0
전체 공정(M/H)	199.6	120.0	79.6

2. 정밀도 개선

항목	개선 전	개선 후	개선 공차
선반 정밀도 (inch)	0.010	0.0010	0.0090
연삭 정밀도 (inch)	0.002	0.0002	0.0018

3. 효과 금액

항목		산출 근거	금액
연간 절감 금액		(개선 전 작업시간-개선 후 작업시간)X연간 생산량X임율 =(199.6-120)X24X44,800 = 85,585,920	85,585,920원
투자 금액	선반 Jig	잔여 자재+(BoltX2)+(WasherX2)+(제작시간X임율) =0+(20X2)+(10X2)+(7X44,800) = 313,660	313,660원
	연삭 Jig	잔여 자재+(BoltX2)+(WasherX2)+(제작시간X임율) =0+(20X2)+(10X2)+(3X44,800) = 134,460	134,460원
연간 효과 금액		절감 금액 - 투자 금액 = 85,585,920 - 627,320 = 84,958,600	84,958,600원

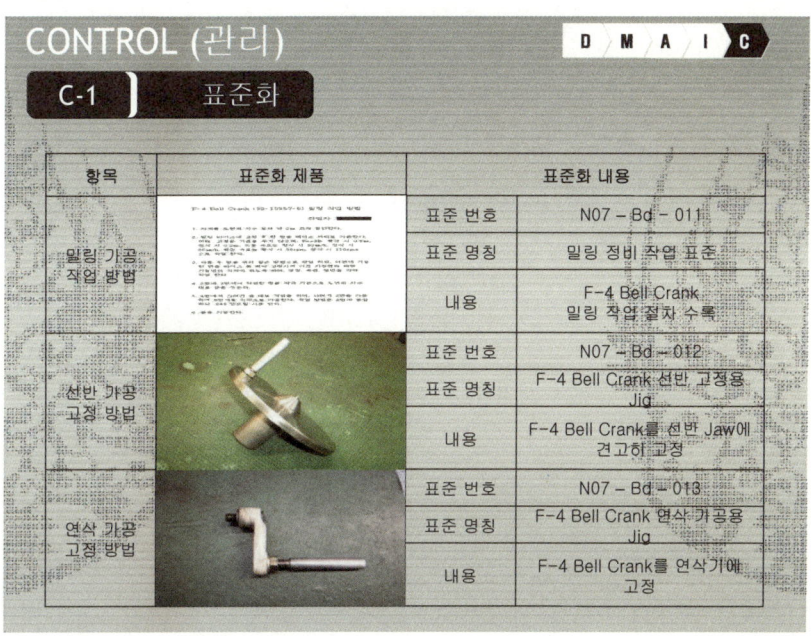

CONTROL (관리)

D M A I C

C-1) 표준화

항목	표준화 제품	표준화 내용	
밀링 가공 작업 방법		표준 번호	N07 – Bd – 011
		표준 명칭	밀링 정비 작업 표준
		내용	F-4 Bell Crank 밀링 작업절차 수록
선반 가공 고정 방법		표준 번호	N07 – Bd – 012
		표준 명칭	F-4 Bell Crank 선반 고정용 Jig
		내용	F-4 Bell Crank를 선반 Jaw에 견고히 고정
연삭 가공 고정 방법		표준 번호	N07 – Bd – 013
		표준 명칭	F-4 Bell Crank 연삭 가공용 Jig
		내용	F-4 Bell Crank를 연삭기에 고정

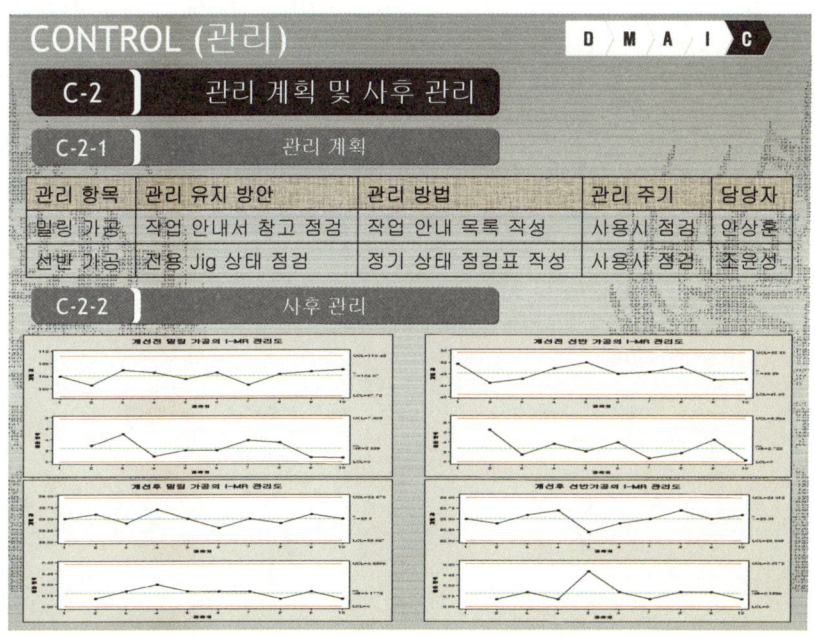

CONTROL (관리)

D M A I C

C-2) 관리 계획 및 사후 관리

C-2-1) 관리 계획

관리 항목	관리 유지 방안	관리 방법	관리 주기	담당자
밀링 가공	작업 안내서 참고 점검	작업 안내 목록 작성	사용시 점검	안상훈
선반 가공	전용 Jig 상태 점검	정기 상태 점검표 작성	사용시 점검	조윤성

C-2-2) 사후 관리

참고 문헌

▌국내 일반서

김경준, 『엄홍길의 휴먼리더십』, 서울: 에디터, 2007.

문근찬, 『혁신과 변화관리』, 서울: 한티미디어, 2006.

박경종, 『군과 모성 리더십』, 서울: 국방리더십개발원, 2008.

배기찬, 『코리아 다시 생존의 기로에 서다』, 서울: 위즈덤하우스, 2005.

서성교, 『하버드 리더십노트』, 서울: 원앤원북스, 2003.

신순철·김동준 지음, 『창조경영』, 서울: 이코 북, 2007.

우경진, 『엄마형 리더십』, 서울: 명진출판, 2004.

윤은기, 『매력이 경쟁력이다』, 서울: 올림, 2009.

이재윤, 『군사심리학의 이론과 실제』, 경기도: 집문당, 2006.

정진홍, 『인문의 숲에서 경영을 만나다 1, 2』, 경기: 21세기북스, 2008.

조세미, 『세계는 지금 이런 인재를 원한다』, 서울: 해냄출판사, 2005.

조원건 지음, 『능력기반 전력기획』, 서울: 북코리아, 2007.

조형 외, 『여성주의 가치와 모성 리더십』, 서울: 이화여자대학교출판부, 2005.

Bass, B. M., Leadership and Performance beyond Expectations,(Newyork: Free Press, 1985).

Rosner, J. B., "The Ways Women lead", Harvard Business Review, Vol. 68(1990).

▌외서·번역서

고든 R. 설리번·마이클 V. 하퍼, 『장군의 경영학』, 강미경 옮김, 서울: 창작시대사, 1998.

딕 스미스·제리 블레이크슬리·리처드 쿤스, 『6시그마 성공의 조건』, IBM 비즈니스 컨설팅 서비스 코리아 옮김. 서울: 한국경제신문 한경BP, 2006.

래리 보시디·램 차란, 『현실을 직시하라』, 정성묵 옮김, 경기: 21세기북스, 2004.

래리 보시디·램 차란, 『실행에 집중하라』, 김광수 옮김, 경기: 21세기북스, 2005.

루이스 V.거스너 Jr., 『코끼리를 춤추게 하라』, 이무열 옮김, 경기: 북@북스, 2007.

마단 비를라, 『페덱스방식』, 김원호 옮김, 서울: 고려닷컴, 2007.

말콤 글래드웰, 『티핑포인트』, 임옥희 옮김, 서울: 21세기북스, 2007.

사카이 고이치로, 『경영의 거짓과 진실』, 김경인 옮김, 서울: 이덴슬리벨, 2005.

스티븐 코비, 『성공하는 사람들의 7가지 습관』, 김경섭·김원석 옮김, 서울: 김영사, 1994.

에드 마이클스·헬렌 핸드필드-존스·베스 액슬로드, 『인재전쟁』, 최동석·김성수 옮김. 서울: 세종서적, 2006.

앨런 라슨, 『신나는 6시그마 문화』, 김일환 옮김, 서울: 네모북스, 2007.

와카마츠 요시히토, 『혁신사관학교 도요타 가이젠노하우』, 신경립 옮김, 서울: 홍익출판사, 2007.

와카마츠 요시히토, 『도요타웨이』, 우성주 옮김, 서울: 새로운 제안, 2008.

콘도 테츠오 · 가네다히데하루, 『도요타식 화이트칼라 혁신』, 박정규 옮김. 서울: 비즈페이퍼, 2008.

피터 F. 드러커, 『프로페셔널의 조건』, 이재규 옮김, 서울: 청림출판, 2006.

피터 G. 노스하우스, 『리더십: 이론 응용 비판 측정 사례(Leadership: Theory and Practice(3rd ed)』, 김남현 옮김, 서울: 경문사, 2005.

▌논문

강경자, 「유아교육기관 미혼 원장의 부모교육하기에 관한 내러티브 접근」, 숙명여자대학교 박사학위 논문, 2006.

강병희, "리더십 패러다임의 전환과 새로운 리더십 스타일의 계발", 육사리더십센터 리더십연구자료 게시물, 2007. http://leadership.kma.ac.kr/bbs

권영자, 「여성과 리더십」, 한국여성개발원 교육교재, 1992.

김대규, "변화의 시대에 요구되는 리더십연구", 「창의력개발연구」, 제6호. 2003.

김주협, 이길환. "여성적 리더십에 대한 이론적 소고", 「충북대학교 산업과 경영」, 제15권, 제2호, 2003.

김진호, "리더의 자기희생이 미치는 효과에 관한 연구", 「안보연구시리즈」 제6집, 2005.

남인숙, "변화하는 사회와 여성적 리더십", 「대한정치학회보」, 제13집, 제2호, 2005.

문형구, "의사소통과 리더십", 「국방리더십연구」, 제2호. 2007.

심상용 외, "입대 장정의 안보의식 변화에 따른 정신교육 발전방향", 「안보연구시리즈」 제6집, 2005.

신은숙, "한국모성의 역할", 「광장」 118호 1983.6.

원성수, "모성가치를 적용한 거버넌스 모형연구." 「한국정책과학회보」, 제9권 제4호. 2005.

최병순, "리더십 패러다임의 전환." 「국방리더십연구」, 제2호. 2007.

하석광, 「6시그마의 성공적인 추진전략에 대한 비교연구」, 경상대 경영대학원, 2001

▌기타

한국 갤럽, '09공군 조직문화 수준진단 분석결과 보고, 공군본부, 2009.

재미와 감동 T/F, 『재미와 감동 프로그램』, 공군 교육사령부, 2007.

혁신컨설팅위원회, 『혁신컨설팅 길잡이』, 서울: 행정자치부, 2006.

『6시그마 공통서』, 경남 사천: 한국항공우주산업주식회사, 2007.

『공군교육사령부Six Sigma 챔피언 교육』, 서울: 한국표준협회, 2007.

『제1회 공군 6시그마 프로젝트발표대회 사례집』, 공군리더십센터, 2007.

『6시그마 프로젝트 사례집』, 공군교육사령부, 2006.

『공군혁신 보고서(김성일 참모총장)』, 공군본부, 2007.

〈동아일보〉, 2008년 8월 19일자.

〈조선일보〉, 2005년 2월 21일자, 13면.

〈뉴스메이커〉, 제719호, 2007.